WESTERN FOOD PRODUCTION PICTURES

# 西餐制作图谱

李祥睿　姚　磊　陈洪华／主编

化学工业出版社
·北京·

## 内容简介

本书主要介绍了一些西餐的制作案例，分为9个部分，包括酱与调味汁、基础汤、前菜沙拉、开胃菜、开胃汤、副菜、主菜、主食和小吃。每个部分首先梳理了一下基础知识和特点，然后介绍了一些具有一定特色和知名度的常见西餐品种的原料配方和制作步骤。书中所列举的制作实例中配方真实详细，技术讲解细致到位。

本书可供职业院校烹饪相关专业师生、餐饮企业西餐制作人员和对西餐感兴趣的普通读者参考。

**图书在版编目（CIP）数据**

西餐制作图谱／李祥睿，姚磊，陈洪华主编．—北京：化学工业出版社，2022.2（2025.3重印）
ISBN 978-7-122-40450-3

Ⅰ．①西…　Ⅱ．①李…　②姚…　③陈…　Ⅲ．①西式菜肴－烹饪－图谱　Ⅳ．① TS972.118-64

中国版本图书馆CIP数据核字（2021）第250191号

责任编辑：彭爱铭　　装帧设计：史利平
责任校对：田睿涵

出版发行：化学工业出版社（北京市东城区青年湖南街13号　邮政编码100011）
印　　装：北京宝隆世纪印刷有限公司
710mm×1000mm　1/16　印张6½　字数134千字　2025年3月北京第1版第3次印刷

购书咨询：010-64518888　　售后服务：010-64518899
网　　址：http://www.cip.com.cn
凡购买本书，如有缺损质量问题，本社销售中心负责调换。

定　　价：59.00元

# 编写人员名单


主　　编：李祥睿　姚　磊　陈洪华

副 主 编：吴熳琦　姚　婷　朱　威　高正祥　王　飞　周国银　徐子昂　陈　瑜

参编人员：王爱红　曾玉祥　高玉兵　纪有良　陶　丽　王文琪　许振兴　董　佳　张亮亮　曹　玉　张　雯　束晨露　纪雨婷　姜　超　沈海军　吴　磊　豆思岚　王志强　郭一宁　穆照纬　杨钰洁　张仁东　潘宏香　何　倩　皮衍秋　牛琳娜　盛红凤　张　艳　桑艳萍　鞠新美　许文广　蒋一璟　程　宝　臧家祎　包欣昀　吕　娜　王亚淙　张枭天

# 前言

西餐这个词是相当于中餐来说的，是由其特定的地理位置所决定的。我们通常所说的西餐是中国和其他东方人对欧美各国菜点的统称。

广义上说，西餐是来自西方的菜点，狭义上说西餐是由拉丁语系所属国的菜肴和点心组成。西餐作为欧美文化的一部分，具备以下几个特征：第一，西餐的就餐方式是以刀、叉、匙为主要进食工具；第二，西餐烹饪方法和菜点风味充分体现欧美特色；第三，西餐服务方式、就餐习俗和情调充分反映欧美文化。

本书从酱与调味汁、基础汤、前菜沙拉、开胃菜、开胃汤、副菜、主菜、主食、小吃九部分来介绍，遴选了一些易学的品种进行讲解，图文并茂，步骤明晰，很容易进行入门学习。适合于烹饪爱好者自学，也可以作为烹饪职业院校的西餐辅助教材。

本书稿由扬州大学李祥睿、浙江旅游职业学院姚磊、扬州大学陈洪华担任主编；浙江旅游职业学院吴熳琦、浙江省杭州市中策职业学校姚婷、浙江商业职业技术学院朱威、扬州市旅游商贸学校高正祥、湖南省商业技师学院王飞和周国银、无锡旅游商贸高等职业技术学校徐子昂和陈瑜担任副主编。雷明化、陆理民、邵泽东、王爱明、郭小粉、孙克奎、庄惠、张开伟担任顾问。本书稿在编写过程中，得到了扬州大学、浙江旅游职业学院（千岛湖国际酒店管理学院）和化学工业出版社各级领导的支持，在此表示谢忱！

李祥睿、姚磊、陈洪华

2021年10月

# 目录

## Chapter7 主菜

# Chapter1酱与调味汁

在西餐中，酱和调味汁是非常重要的存在。它们可以把一个平凡的、单调的菜肴和小吃提升到一种特殊美食体验的境界。在本书稿中我们选择了一些简单、常见、实用的一些酱与调味汁，每个配方的设计都尽可能简化，完全可以在极短时间内完成，可以搭配西餐中的大部分菜肴。

# 蛋黄酱

## 原料配方

蛋黄1个，柠檬半个，橄榄油200毫升，玫瑰盐2克，黑胡椒粉1克，黄芥末酱10克，白醋15毫升。

## 制作步骤

1 将蛋黄和黄芥末酱放入不锈钢碗中（图1），并加入少量玫瑰盐和黑胡椒粉，用打蛋器搅匀。

2 制作时先将橄榄油逐滴淋入不锈钢碗中（图2），然后逐渐增量，一边加一边用打蛋器搅匀。

3 每次待油完全融入后，再倒入油并搅拌，搅打至酱汁发白（图3）。

4 将柠檬挤出汁，混入稀释蛋黄酱，再加入白醋并搅匀，倒入调味盅即可（图4、图5）。

# 法国汁

**原料配方**

洋葱碎10克，大蒜碎10克，蛋黄酱75克，玫瑰盐3克，黑胡椒粉2克，白醋10毫升。

**制作步骤**

1 在不锈钢碗中，放入蛋黄酱、洋葱碎、大蒜碎、白醋（图1），加上玫瑰盐和黑胡椒粉调味，搅拌均匀（图2、图3）。

2 将法国汁装入小碗中（图4）。

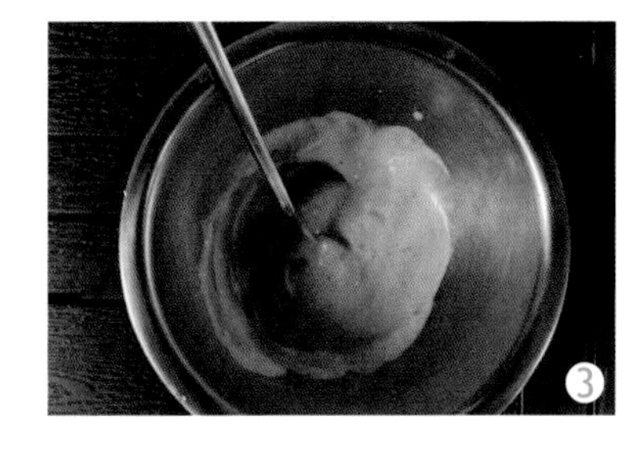

# 荷兰汁

## 原料配方

黄油250克，白葡萄酒醋15毫升，蛋黄3个，柠檬半个，玫瑰盐3克，黑胡椒粉1克。

## 制作步骤

1 将黄油放入水浴锅中熔化备用（图1）。

2 在水浴锅中放入蛋黄、白葡萄酒醋、柠檬汁、玫瑰盐、黑胡椒粉等搅拌均匀（图2）。

3 逐步淋入熔化的澄清黄油，一边搅拌一边乳化（图3、图4）

4 直至将澄清黄油加完，搅拌成酱体，保温备用（图5）。

## 鸡尾汁

**原料配方**

蛋黄酱75克，番茄沙司15克，辣酱油10克，白兰地酒10毫升，法香碎5克，洋葱碎5克，玫瑰盐3克，黑胡椒粉1克。

**制作步骤**

1 将蛋黄酱放入不锈钢碗中，加入番茄沙司、玫瑰盐、黑胡椒粉、白兰地酒、辣酱油，再加上洋葱碎、法香碎等，搅拌均匀（图1）。

2 将调好的鸡尾汁装入碗中即可（图2）。

## 凯撒汁

**原料配方**

银鱼柳10克，洋葱碎3克，大蒜碎2克，柠檬半个，黄芥末酱10克，蛋黄酱25克，黑醋5克，玫瑰盐2克，黑胡椒粉1克。

**制作步骤**

1 银鱼柳煎熟，切碎。

2 将银鱼柳碎、洋葱碎、大蒜碎、柠檬汁、黄芥末酱、蛋黄酱、黑醋、玫瑰盐、黑胡椒粉等一起放入不锈钢碗中，搅拌均匀即可（图1、图2）。

## 千岛汁

**原料配方**

蛋黄酱25克，番茄沙司15克，酸豆3克，熟鸡蛋半个，法香5克，洋葱10克，辣酱油5克，黑胡椒粉2克，玫瑰盐3克。

**制作步骤**

1 将熟鸡蛋切碎；酸豆切碎；法香切碎；洋葱切碎（图1）。

2 将各种原料碎一起放入不锈钢碗中，再放入蛋黄酱、番茄沙司、辣酱油、玫瑰盐和黑胡椒粉等（图2）。

3 搅拌均匀即可（图3）。

## 青酱汁

**原料配方**

柠檬半个，罗勒10克，法香8克，黄芥末酱1勺，色拉油150毫升，玫瑰盐3克，黑胡椒粉1克，白醋5毫升，柳橙汁5毫升。

**制作步骤**

将罗勒、法香洗净，加入色拉油、柠檬汁、玫瑰盐、黑胡椒粉、白醋、黄芥末酱、柳橙汁等，用均质机打碎混合均匀（图1、图2）。成品色泽浅绿（图3）。

# 塔塔酱

## 原料配方

蛋黄酱50克，白洋葱10克，法香2克，黑胡椒粉1克，白葡萄酒醋15克，玫瑰盐1克。

## 制作步骤

1 法香、白洋葱等洗净，切碎（图1）。

2 在蛋黄酱中加入切碎的法香、白洋葱、白葡萄酒醋、玫瑰盐和黑胡椒粉，搅拌均匀（图2）。

# Chapter2基础汤

西餐中的各种开胃、热菜制作一般都离不开用牛肉、鸡肉、鱼肉等调制的汤，这种汤被称为基础汤，又称原汤。广州、香港一带习惯上称“底汤”。法国烹调大师艾斯可菲（Escoffier）曾说过：“烹调中，基础汤意味着一切，没有它将一事无成。”

基础汤是将富含各种蛋白质、矿物质、胶质物的动物性原料或蔬菜，放入冷水锅中经过较长时间熬煮，使原料内部所含营养物质及其自身的味道最大限度地溶入水中，成为营养丰富、滋味鲜醇、风味独特的汁液。

基础汤的用途非常广泛，除其本身加调味品和辅助原料后可直接制作开胃汤食用外，绝大多数菜肴的沙司都需要用它来辅助。因此，基础汤的好坏是制作各种菜肴的关键。常见的基础汤有褐色牛基础汤、鸡基础汤、蔬菜基础汤、鱼基础汤等。

# 褐色牛基础汤

## 原料配方

牛骨2块，胡萝卜1根，洋葱1个，葱白1段，西芹2根，干葱头4个，蒜头半个，百里香2枝，香叶2片，番茄膏25克。

## 制作步骤

1 将胡萝卜、洋葱、西芹、干葱头切块；将葱白段剖开，包入百里香、香叶，用棉线扎紧备用（图1）。

2 牛骨刷上番茄膏放入烤盘（图2），加入胡萝卜块、洋葱块、西芹块、干葱头块、半个蒜头等拌匀（图3）。

3 放入烤箱，以200℃，烤35～40min（图4），烤制上色（图5）。

4 将烤盘中的牛骨、蔬菜等放入大锅内；再将少量水倒入烤盘底部，以溶化焦汁，并用橡皮刮板搅拌；将焦汁倒入大锅，加水浸没所有原料（图6）；再放入扎好的葱白段，并用大火烧开，再改用小火加热。

5 撇去浮沫，以小火继续炖煮6～8h（图7）。

6 用漏斗过滤出高汤即可（图8）。

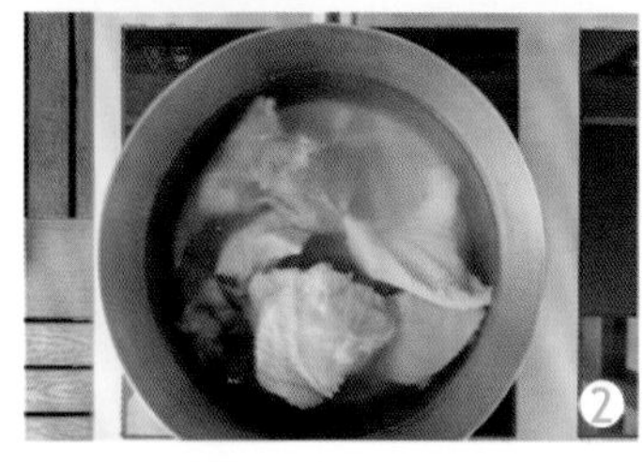

# 鸡基础汤

## 原料配方

整鸡1只，胡萝卜1根，洋葱1个，大蒜半个，芹菜1根，葱白1段，黑胡椒适量，丁香5～6颗，百里香2～3枝，香叶2片。

## 制作步骤

1 胡萝卜、洋葱、芹菜、大蒜切块；葱白段剖开，包入百里香、香叶、丁香后包紧，用棉线扎紧；鸡斩成块（图1）。

2 锅中倒入2L水，将鸡块浸没（图2），大火煮沸2min撇去浮沫（图3）。

3 依次放入胡萝卜块、洋葱块、芹菜块、葱白段、大蒜块、黑胡椒等再次用大火烧开（图4）。

4 改用小火炖煮2～3小时，不加盐，不时撇去浮沫（图5）。

5 最后将鸡汤用筛网过筛，得到鸡基础汤（图6）。

# 蔬菜基础汤

## 原料配方

胡萝卜1根，洋葱1个，西芹1根，番茄1个，大蒜半个，干葱头2个，玫瑰盐3克，橄榄油5克，百里香2～3枝，香叶2片，葱白1段。

## 制作步骤

1 将胡萝卜、洋葱、西芹、番茄、大蒜切块；干葱头切丁；将葱白段剖开，包入百里香、香叶等，再用棉线扎紧（图1）。

2 将橄榄油倒入锅中，放入所有蔬菜块（图2）。

3 放入葱白段，大火炒几分钟，注意不要上色（图3、图4）。

4 以冷水浸过所有锅内原料，用大火烧开。再以小火煮30～40min（图5），加入玫瑰盐调味。

5 将蔬菜汤用滤网筛出即可（图6）。

①

②

③

④

⑤

⑥

# 鱼基础汤

## 原料配方

鲈鱼1条，胡萝卜1根，洋葱1个，西芹1根，番茄1个，大蒜半个，干葱头2个，玫瑰盐3克，黄油5克，白葡萄酒10毫升，百里香2～3枝，香叶2片，葱白1段。

## 制作步骤

1 将鱼洗净去除内脏，剪成段；将洋葱、大蒜、胡萝卜、干葱头等蔬菜洗净切小块（图1）。

2 将葱白段剖开，包入百里香、香叶（图2），再用棉线扎紧备用（图3）。

3 将黄油放入锅中（图4），将蔬菜、鱼块放入炒至出汁，但不能上色（图5、图6）。

4 放入白葡萄酒，再倒入水，用大火煮沸（图7～图9）。

5 煮沸后撇去浮沫，加入扎好的葱白段，再改用小火煮30min（图10），加入玫瑰盐调味。

6 将鱼汤用滤网滤出即可（图11）。

# Chapter3前菜沙拉

沙拉，通常指西餐中用于开胃佐食的凉拌菜。沙拉原是英语Salad的译音，在我国通常又被称为“色拉”“沙律”。我国北方通常习惯称之为“沙拉”，我国南方尤其是广州香港一带通常习惯称之为“沙律”，而在我国东部地区尤其在上海为中心的地区则通常习惯称之为“色拉”。

沙拉一般是用各种可以直接入口的生料或经熟制冷食的原料加工成较小的形状，再浇上调味汁或各种冷沙司及调味品拌制而成。沙拉的适用范围很广，可用于各种水果、蔬菜、禽蛋、肉类、海鲜等的制作，并且沙拉都具有外形美观、色泽鲜艳、鲜嫩可口、清爽开胃的特点。

# 煎鸡肉沙拉

## 原料配方

鸡脯1片，百里香3枝，红椒1只，生菜3片，蛋黄酱25克，玫瑰盐3克，黑胡椒粉1克，坚果碎10克。

## 制作步骤

1 红椒用喷枪烧黑（图1），去掉黑色的外皮洗净，然后切成块；鸡脯用刀斜切成厚片，用玫瑰盐和黑胡椒粉腌制；生菜洗净后用手撕成片（图2）。

2 锅烧热，放入少量油，将腌制好的鸡片与百里香一起煎制（图3），至双面煎黄（图4）。

3 煎好的鸡片放凉，用刀斜切成厚块（图5），加上红椒块、生菜片，用蛋黄酱调味（图6），搅拌均匀（图7）。

4 摆盘。将拌匀的沙拉装入盘中，撒上坚果碎（图8）。

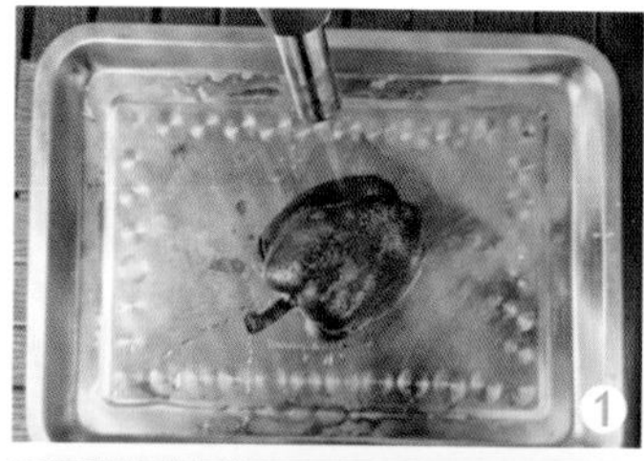

# 凯撒沙拉

## 原料配方

罗马生菜35克，红边生菜35克，圣女果2个，培根2片，吐司面包20克，帕玛森芝士10克，大蒜3瓣，凯撒汁适量，黄油2块。

## 制作步骤

1 将罗马生菜、红边生菜洗净后用冰水浸泡，使用时控干，用手撕碎备用；将圣女果切块、大蒜切碎备用。

2 将培根煎上色；吐司面包切丁，加黄油和大蒜碎搅拌均匀，放入烤箱以上下火165℃，烤4分钟取出备用。

3 最后将所有生菜水分沥干，加入凯撒汁搅拌均匀（图1）。

4 撒上面包丁、培根片、帕玛森芝士碎即可（图2）。

1

2

# 三文鱼塔塔

## 原料配方

三文鱼1段，牛油果1个，芝麻菜15克，洋葱1/4个，玫瑰盐3克，黑胡椒粉1克，莳萝1枝，糖1克，黑醋5克，橄榄油10毫升。

## 制作步骤

1 将三文鱼、牛油果切丁，洋葱切碎（图1），然后混合在一起（图2）。

2 加入黑醋、玫瑰盐、黑胡椒粉、糖翻拌均匀（图3）。

3 用模具装盘成型（图4），芝麻菜拌上橄榄油和黑醋点缀（图5），用芝麻菜和莳萝装饰（图6）。

# 蔬菜沙拉

## 原料配方

紫包菜1/3颗，绿包菜1/3颗，胡萝卜1根，洋葱1/4个，大蒜2瓣，蛋黄酱75克，玫瑰盐3克，黑胡椒粉2克，白醋10毫升。

## 制作步骤

1 紫包菜、绿包菜、胡萝卜等洗净后切成细丝（图1）。

2 制作法国汁：在不锈钢碗中，放入蛋黄酱、洋葱碎、大蒜碎（图2），加上玫瑰盐和黑胡椒粉调味，再加上白醋，搅拌均匀即可（图3）。

3 将紫包菜丝、绿包菜丝、胡萝卜丝等一起放入不锈钢碗中，加入法国汁（图4），搅拌均匀（图5）。

4 摆盘。在盘中放入两只大小不一的不锈钢圈，在两个圈中间放入拌好的沙拉，再取出模具，点缀薄荷叶即可（图6）。

# 水果沙拉

## 原料配方

火龙果35克，苹果35克，圣女果30克，芒果35克，哈密瓜25克，薄荷叶2克，蛋黄酱25克。

## 制作步骤

1 各种水果洗净去皮，切块。

2 将水果块和蛋黄酱拌均匀（图1、图2）。

3 将拌好的沙拉装盘，摆上薄荷即可（图3）。

# 田园温沙拉

## 原料配方

罗马生菜10克，芝麻菜10克，红边生菜10克，黑橄榄3颗，紫纹菜头3～4片，鸡蛋1个，蛋黄酱15克，黑醋粒5克，白醋3克。

## 制作步骤

1 水波蛋：锅中加水煮至微沸，倒入少许白醋，用打蛋器将水搅起旋涡，打入鸡蛋（图1），撇出多余的浮沫，煮1～2min后捞出（图2）。

2 将所有蔬菜洗净，切片或撕碎备用（图3）。

3 将蔬菜装盘，放上水波蛋（图4），淋上蛋黄酱、黑醋粒（图5～图7）。

注：黑醋粒是由黑醋加入琼脂稍加热溶化后，趁未凝固时装入调料瓶中，间隔地挤入橄榄油中凝固成鱼子酱的形状，用网筛捞起即可。

# 土豆沙拉

## 原料配方

土豆1个，西芹1根，洋葱半个，胡萝卜1根，培根2片，鸡蛋1个，酸模叶3片，橄榄油10毫升，玫瑰盐3克，蛋黄酱15克，黑胡椒粉1克。

## 制作步骤

1 洋葱、西芹、胡萝卜洗净、去皮、切丁；土豆煮熟后切丁；培根切小片煎熟；鸡蛋煮熟备用。

2 锅中加油，放入洋葱炒至上色（图1），加入胡萝卜、西芹炒香（图2），加入玫瑰盐和黑胡椒粉调味，盛出冷却备用（图3）。

3 在不锈钢碗中放入炒好的蔬菜、熟土豆丁，加入蛋黄酱拌匀（图4）。

4 餐盘中放入椭圆形模具，在模具中放入拌匀的沙拉（图5），摆上鸡蛋块、培根片、酸模叶即可（图6）。

# 虾仁沙拉

**原料配方**

大虾15只，洋葱1/2个，胡萝卜1根，西芹1根，香叶2片，紫包菜丝10克，绿包菜丝10克，胡萝卜丝10克，玫瑰盐3克，黑胡椒粉1克，番茄沙司15克，蛋黄酱75克，辣酱油10克，白兰地酒10毫升，法香碎5克，洋葱碎5克。

**制作步骤**

1 将洋葱、胡萝卜、西芹等洗净后切块；大虾洗净后去壳、去虾线等备用（图1）。

2 将洋葱块、胡萝卜块、西芹块、香叶等放入不锈钢锅中，加上水煮开，加上点盐和黑胡椒，放入加工好的虾仁（图2），保持微沸浸熟，捞起后晾凉备用（图3）。

3 制作鸡尾汁：将蛋黄酱放入不锈钢碗中，加入番茄沙司、玫瑰盐、黑胡椒粉、辣酱油、白兰地酒，再加上洋葱碎、法香碎等，搅拌均匀（图4），将调好的鸡尾汁装入碗中即可（图5）。

4 将虾仁用鸡尾汁拌匀调味（图6）；另将紫包菜丝、胡萝卜丝、绿包菜丝等用蛋黄酱拌匀备用（图7）。

5 摆盘。将拌匀的蔬菜沙拉装入盘中垫底，虾仁拼摆在蔬菜沙拉上面，最后点缀装饰即可（图8）。

# 鲜虾番茄沙拉

## 原料配方

鲜虾5只，番茄1个，生菜10克，法香5克，玉米粒15克，洋葱半个，圣女果1个，花草1～2株，玫瑰盐2克，海盐1克，白兰地5毫升，黑胡椒粉1克，白葡萄酒醋5毫升，橄榄油10毫升。

## 制作步骤

1 将鲜虾放入水锅中加海盐、黑胡椒和白兰地煮熟，捞出、去壳备用；其他蔬菜类原料洗净后加工成型（图1）。

2 酱汁：将法香、白葡萄酒醋、海盐、橄榄油放入容器中，用均质机打匀后稍微沉淀（图2）。

3 盘中放入圆形模具，依次加入切配好的生菜、番茄丁、洋葱、玉米粒压实，铺上一圈圣女果薄片（图3、图4）。

4 将煮好去壳的虾加入玫瑰盐、黑胡椒粉、橄榄油拌匀，摆在蔬菜上，然后脱模，在四周淋上酱汁（图5），摆上花草即可（图6）。

# Chapter4 开胃菜

开胃菜也可称为头盘，其目的是为了促进食欲。开胃菜不是主菜，即使将其省略，对正餐菜肴的完整性以及搭配的合理性不产生影响。开胃菜的特点是量少而精，味道独特，色彩与餐具搭配和谐，装盘方法别致。

# 大理石三文鱼牛油果卷配红菜头汁

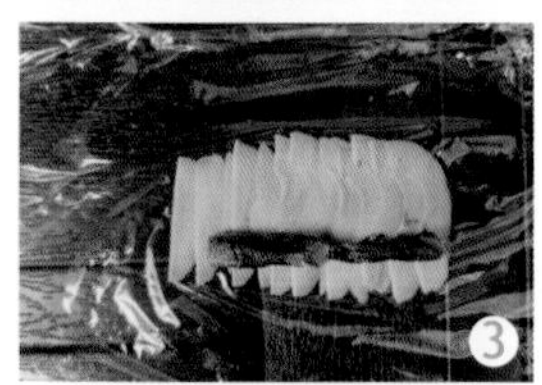

## 原料配方

三文鱼1段，牛油果1个，芒果1个，红菜头1个，土豆1个，芝麻菜2片，玫瑰盐3克，黑胡椒粉2克，糖5克，竹炭粉5克。

## 制作步骤

1 将牛油果切薄片；红菜头、土豆切块；芒果切丁（图1）；三文鱼切条。

2 将三文鱼条用玫瑰盐、糖、黑胡椒粉调味，裹上一层竹炭粉（图2）。

3 在保鲜膜上铺上牛油果片，放上裹好的三文鱼（图3），将其卷成卷以低温35℃，慢煮7～8min（图4）。

4 芒果加入糖拌匀（图5）；土豆、红菜头放入锅中煮熟（图6），倒入搅拌机打成汁（图7），过筛一遍（图8、图9）。

5 三文鱼取出后切块摆盘（图10），淋上红菜头汁，摆上芒果丁、芝麻菜即可（图11）。

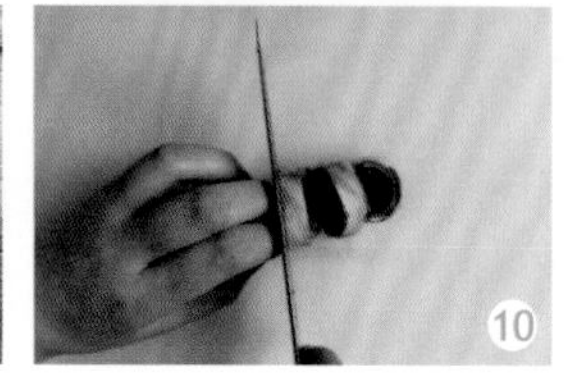

# 番茄蒸蛋

## 原料配方

番茄1个，鸡蛋2个，淡奶油15毫升，迷迭香1枝，玫瑰盐2克，黑胡椒粉1克，法香碎1克。

## 制作步骤

1 将番茄洗净，切去1/6的顶部，用调羹挖去内瓤（图1）。

2 将淡奶油微微加热，加入迷迭香增加香味（图2）。

3 将鸡蛋搅打成蛋液，用玫瑰盐和黑胡椒粉调味（图3）。

4 将迷迭香味的淡奶油缓缓加入鸡蛋液中，搅拌均匀（图4）。

5 将掏空的番茄放入蒸箱中先蒸3分钟；再将蛋液过滤后慢慢注入（图5），然后送入蒸箱中，蒸10分钟。

6 取出后装盘再撒上法香碎（图6）。

# 华尔道夫沙拉

## 原料配方

生菜20克，西芹1根，苹果半个，圣女果3个，熟核桃仁10克，鸡胸肉1块，蛋黄酱20克。

## 制作步骤

1 苹果切条；西芹洗净、焯水、过凉开水后切条；圣女果一切四；生菜切段；鸡胸肉低温慢煮后切丝；核桃仁切碎（图1、图2）。

2 将所有蔬菜与蛋黄酱混合均匀（图3、图4），撒上核桃碎即可（图5）。

# 冷鱼配千岛汁

**原料配方**

鲈鱼1片，胡萝卜1根，洋葱半个，西芹1根，芝麻菜15克，柠檬1个，香叶2片，黑胡椒粉2克，玫瑰盐3克，酸豆3克，熟鸡蛋1个，蛋黄酱25克，番茄沙司15克，辣酱油5毫升，法香5克。

**制作步骤**

1 将鲈鱼切成长方片；胡萝卜、西芹、洋葱等洗净切块；柠檬切片（图1）。

2 煮鱼。在锅中加水，煮开后放入洋葱块、胡萝卜块、西芹块、香叶、柠檬片、玫瑰盐和黑胡椒粉，再次烧开，放入鲈鱼块，保持微沸（图2），采用温煮的方法将鱼块浸熟（图3）。最后捞出晾凉备用（图4）。

2 制作千岛汁。将熟鸡蛋切碎；酸豆切碎；法香切碎；洋葱切碎（图5）。将各种碎一起放入不锈钢碗中，再放入蛋黄酱、番茄沙司、辣酱油、盐和黑胡椒粉（图6），搅拌均匀即可（图7）。

4 摆盘。将千岛汁在盘中划一道，放上芝麻菜，摆上鲈鱼块、柠檬片，用小花草点缀即可（图8）。

# 热虾仁沙拉

## 原料配方

大虾15个，鸡蛋2个，面粉15克，面包糠25克，玫瑰盐3克，黑胡椒粉2克，百里香3枝，青芥辣10克，蛋黄酱35克。

## 制作步骤

1 大虾去掉外壳，去掉虾线（图1）；用玫瑰盐和黑胡椒粉腌制（图2）。

2 将虾仁沾面粉（图3）；再拖鸡蛋液（图4）；裹面包糠（图5），做成半成品（图6）。

3 将半成品虾仁放入热油中（图7），炸至外皮酥脆、色泽金黄时捞起（图8）。

4 在虾仁中放入蛋黄酱、青芥辣拌匀（图9）。

5 摆盘。将虾仁放在盘中堆起，放上百里香点缀（图10）。

## 香煎带子配芒果莎莎

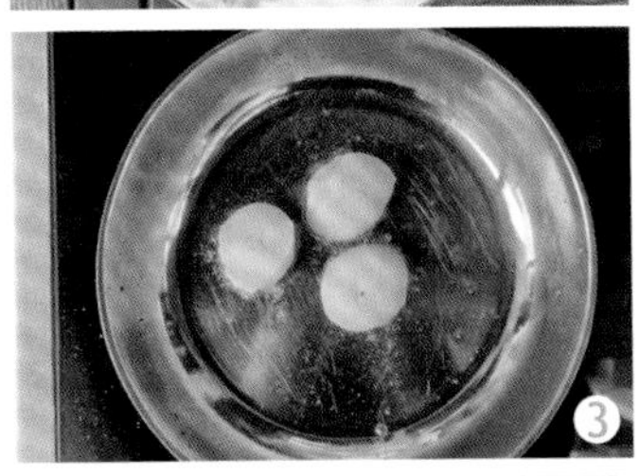

**原料配方**

芒果1个，带子3颗，洋葱15克，面粉15克，法香5克，青酱35克，柠檬汁5毫升，果醋5毫升，玫瑰盐3克，糖3克，黑胡椒粉1克，苦苣菜5克，圣女果4个，橄榄油10毫升。

**制作步骤**

1 青酱盛在碗里备用（图1）。

2 芒果去皮，削片切成粒；洋葱切粒；圣女果一切四块；苦苣菜洗净备用（图2）。

3 制作芒果莎莎：洋葱粒、芒果粒、柠檬汁、果醋放盆中拌匀，加糖和法香碎拌匀，撒点玫瑰盐和黑胡椒粉。

4 先将平底锅加热，然后倒入橄榄油，将带子沾上面粉，放入平底锅将两面煎上色，用盐和黑胡椒粉调味（图3）。

5 摆盘（图4）。

## 烟熏三文鱼沙拉

**原料配方**

烟熏三文鱼20克，苦苣菜10克，生菜10克，芝麻菜10克，圣女果 2个，油醋汁10毫升。

**制作步骤**

1 将所有蔬菜洗净，圣女果一切四。

2 三文鱼片卷成花装盘，蔬菜装盘点缀（图1）。

3 配上油醋汁即可（图2）。

# 英式炸鱼配塔塔酱

## 原料配方

巴沙鱼柳1条，面粉35克，泡打粉5克，鸡蛋3个，法香5克，洋葱半个，玫瑰盐3克，黑胡椒粉1克，橄榄油10毫升，蛋黄酱10克，白葡萄酒醋5毫升，柠檬1个，小花草3克。

## 制作步骤

1 巴沙鱼柳切成条，挤上柠檬汁，用玫瑰盐和黑胡椒粉腌制（图1）。

2 制作面粉糊：将鸡蛋液、面粉和泡打粉搅至浓稠的糊状，需能挂住鱼条即可（图2）。

3 将锅内放入橄榄油，加热至油温150℃，再把巴沙鱼条裹上面粉糊放入油锅中炸，炸至上色，捞出沥油，再用厨房纸吸油（图3）。

4 制作塔塔酱：将蛋黄酱、法香碎、白葡萄酒醋、洋葱碎拌匀（图4、图5）。

5 将炸好的鱼条装盘，配上塔塔酱摆盘，用小花草点缀即可（图6）。

# Chapter5开胃汤

在西方人的饮食习惯中，西餐有餐前开胃的步骤，其道理在于利用汤菜来调动食欲，润滑食道，为进餐做好准备，因此这类汤常常被称为开胃汤。从这个角度看，汤似乎已成各国饮食文化的一个典型代表。难怪法国人说：“餐桌上是离不开汤的，菜肴再多，没有汤犹如餐桌上没有女主人。”

汤的内容有浓汤与清汤两大类。清汤有冷、热之分；浓汤有奶油汤、蔬菜汤、菜泥汤等。主要品种有法国洋葱汤、意大利蔬菜汤、水果冷汤、奶油蘑菇汤、罗宋汤等。

# 法式洋葱汤

## 原料配方

洋葱1个，吐司1片，马苏里拉芝士15克，橄榄油25毫升，黄油10克，褐色牛基础汤200毫升，法香1朵，玫瑰盐3克，黑胡椒粉1克。

## 制作步骤

1 洋葱洗净后切丝；吐司切成条（图1）。

2 锅中加橄榄油，小火将洋葱炒制（图2），使之成焦糖色（图3），倒入褐色牛基础汤（图4），浓缩，最后加玫瑰盐、黑胡椒粉调味。

3 将吐司条刷上黄油，送入烤箱180℃烤3min，烤黄烤脆（图5）。

4 将煮好的洋葱汤倒入奶盅里（图6），铺上一层马苏里拉芝士（图7），送入烤箱以200℃烤10min，至奶酪上色（图8）。

5 取出后放上烤好的面包条，撒上法香点缀（图9）。

# 胡萝卜茸汤

## 原料配方

胡萝卜2根，洋葱1/4个，熟坚果碎5克，蟹味菇5克，百里香3克，橄榄油25毫升，淡奶油50毫升，黄油15克，面粉15克，鸡基础汤750毫升。

## 制作步骤

1 胡萝卜洗净去皮，部分切圆片，部分切粒；蟹味菇切段；洋葱切粒（图1）。

2 黄油炒面：锅热加黄油，放入面粉炒匀（图2），至炒香微黄（图3）。

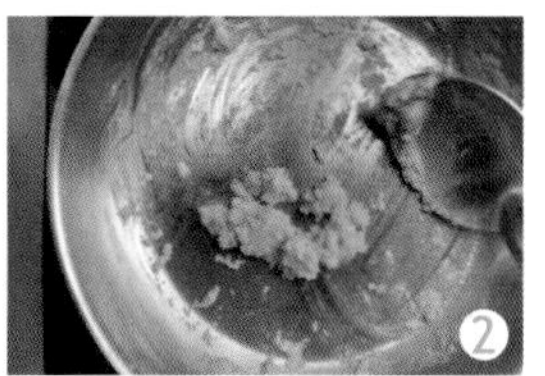

3 锅中加橄榄油，放入洋葱粒、胡萝卜片、百里香炒熟（图4），倒入鸡基础汤烧开后炖煮30分钟（图5），最后倒入搅拌机研磨成汁（图6）。

4 将汁倒入锅中，加入淡奶油（图7），烧开后加入黄油炒面，煮至浓稠（图8）。

5 锅中加橄榄油，放入蟹味菇段、胡萝卜粒煎熟（图9）。

6 盘中盛入汤，撒上坚果碎、胡萝卜粒、蟹味菇段即可（图10）。

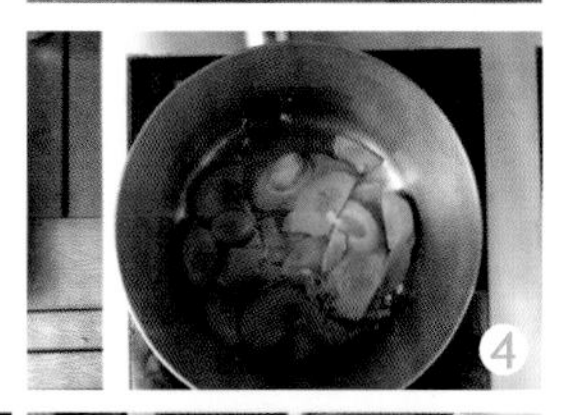

# 罗宋汤

## 原料配方

牛腩100克，番茄1个，洋葱1个，西芹1根，胡萝卜半根，橄榄油10毫升，玫瑰盐3克，黑胡椒粉2克，红酒20毫升，番茄沙司10克，鸡基础汤750毫升，香叶2片，打发的奶油适量。

## 制作步骤

1 将牛腩切成丁，然后再将各种蔬菜切成丁（图1）。

2 锅中加橄榄油烧热，放入洋葱丁炒香（图2），放入牛腩煎炒至变色（图3、图4）。

3 倒入红酒、番茄沙司、鸡基础汤，依次放入西芹丁、胡萝卜丁、番茄丁、香叶，加入玫瑰盐和黑胡椒粉调味，煮至浓稠（图5、图6）。

4 舀出装盘（图7），加上一勺打发的奶油（图8）即可。

# 奶油芦笋汤

## 原料配方

芦笋6根，土豆半个，淡奶油20毫升，洋葱半个，煎好的培根片6片，百里香2～3枝，玫瑰盐3克，黑胡椒粉1克，橄榄油10毫升，黄油10克，鸡基础汤750毫升。

## 制作步骤

1 将芦笋刨去老皮洗净后切成段；土豆去皮切成块；洋葱去外皮切成块（图1）。留两根芦笋尖用黄油炒熟备用。

2 锅中加橄榄油，放入洋葱和百里香炒香（图2）。

3 放入芦笋、土豆炒香，倒入鸡基础汤（图3）。

4 加入玫瑰盐和黑胡椒粉调味（图4）。

5 加入少许淡奶油（图5）。

6 倒入榨汁机打成汁（图6）。

7 过滤出汤汁（图7）。

8 将汤舀出装盘（图8），点缀上煎好的培根片、炒熟的芦笋尖即可（图9）。

# 奶油蘑菇汤

## 原料配方

口蘑5～6个，洋葱半个，面粉15克，黄油30克，百里香1枝，淡奶油50毫升，鸡基础汤750毫升，法香碎1克。

## 制作步骤

1 2个口蘑削成蘑菇花；其余口蘑切片；洋葱切丁；黄油和面粉炒成黄油炒面（图1）。

2 锅中加黄油，放入洋葱、口蘑、百里香炒香（图2），加入鸡基础汤先烧开后炖煮30分钟（图3），倒入搅拌机研磨成汁（图4）。

3 将汁倒入锅中（图5），加入黄油炒面和蘑菇花、淡奶油煮透烧开（图6）。盛出装盘，将余下的淡奶油装入一次性裱花袋，点上一圈奶油点，用牙签拉成花，撒上法香碎即可（图7）。

# 南瓜汤

**原料配方**

南瓜1节，洋葱1/4个，黄油15克，百里香3枝，橄榄油10毫升，淡奶油25克，黄油炒面5克，鸡基础汤200毫升。

**制作步骤**

1 大部分南瓜去皮切片；少许南瓜去皮切小丁；洋葱切碎（图1）。

2 锅中加橄榄油，放入洋葱炒香（图2），倒入南瓜片炒香（图3），加入鸡基础汤、百里香炖煮（图4），放入少量淡奶油、黄油炒面（图5），烧开后用搅拌机打成汁（图6）。

3 锅中加入黄油，放入南瓜丁炒熟（图7）。

4 将南瓜汤装盘，放上炒好的南瓜丁（图8）；用一次性裱花袋装入淡奶油，剪去一个小口，挤上几个点点，插上一片饼干，点缀法香叶即可（图9）。

# 水果冷汤

## 原料配方

番茄2个，西芹2根，洋葱半个，胡萝卜1根，大蒜2～3瓣，纯净水1升，玫瑰盐3克，黑胡椒粉1克，红心火龙果半个，哈密瓜1角，去皮圣女果1个，装饰花草2枝，树形装饰饼干1片。

## 制作步骤

1 将番茄、西芹、洋葱、胡萝卜等洗净切块，加上去皮的大蒜瓣，加上纯净水，用榨汁机榨成汁，用玫瑰盐、黑胡椒粉调味（图1）。

2 将打好的汁倒入不锈钢碗中（图2），冰箱冷藏2h左右。

3 从冰箱取出后，用纱布过滤萃取（图3）。

4 装盘时汤里配上水果丁、去皮圣女果、装饰花草、树形装饰饼干等（图4）。

# 西芹浓汤配水波蛋

## 原料配方

西芹3根，洋葱1/4个，鸡蛋1个，帕马森芝士15克，苦苣菜5克，橄榄油25毫升，黄油15克，鸡基础汤750毫升，玫瑰盐3克，黑胡椒粉1克，白醋5毫升。

## 制作步骤

1 西芹切段，洋葱切条（图1）。

2 锅内放水烧开，加点玫瑰盐和白醋，打入一个鸡蛋（图2），制成水波蛋（图3）。

3 锅中加橄榄油，放入洋葱、西芹、盐和黑胡椒粉炒香（图4），倒入鸡基础汤用大火烧开，再炖煮30分钟（图5），倒入搅拌机打成汁（图6）。

4 黄油炒面：锅热加黄油，放入面粉炒匀（图7），至炒香微黄（图8）。

5 将打好的汁倒入锅中（图9），烧开后放入黄油炒面搅至浓稠（图10）。

6 将汤舀出摆盘，放上水波蛋、苦苣菜，撒上用微波炉烤融后取出冷却的帕马森芝士片（图11）。

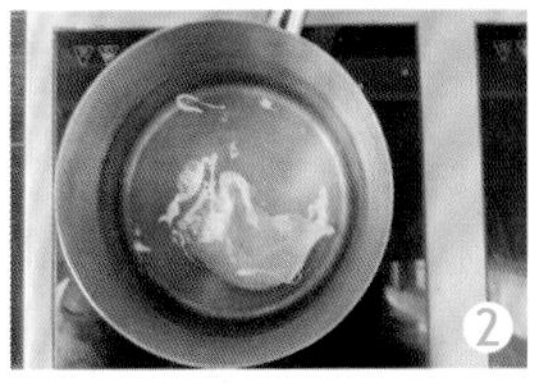

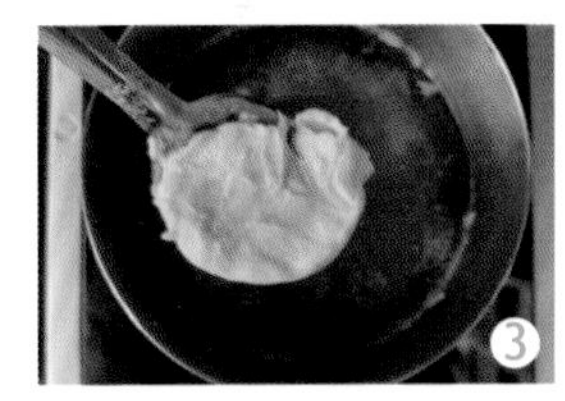

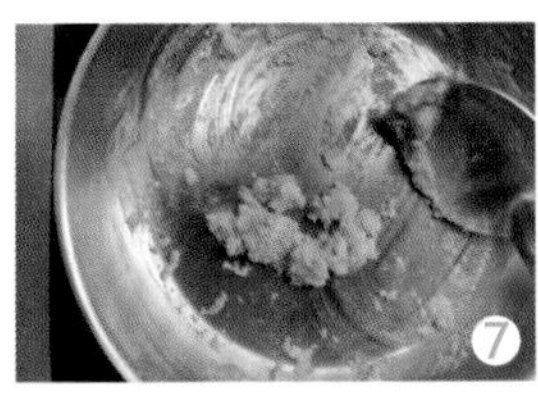

# 意大利蔬菜汤

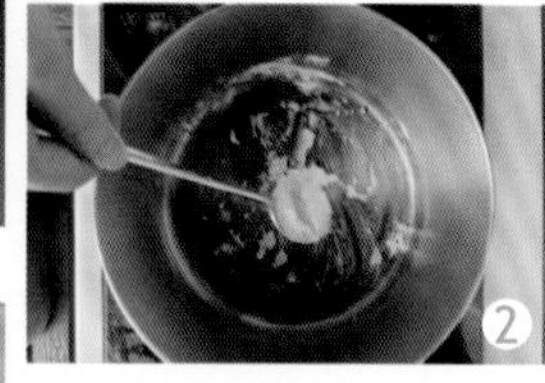

## 原料配方

洋葱半个，胡萝卜半根，土豆半个，包菜20克，番茄1个，柠檬半颗，通心粉20克，培根2片，罗勒2克，面粉10克，黄油15克，玫瑰盐3克，黑胡椒粉1克，香叶2片，披萨草0.5克，番茄膏20克，白葡萄酒10毫升，褐色牛基础汤1000毫升。

## 制作步骤

1 将各种主配料洗净后加工成型（图1）。

2 炒油面：锅中加黄油，放入面粉（图2），炒至固态（图3），盛出备用（图4）。

3 汤锅中加入黄油，放入洋葱、胡萝卜、土豆、番茄炒香（图5），再放入白葡萄酒（图6），加入番茄膏、罗勒、培根、柠檬、香叶、披萨草（图7）炒匀，再加入褐色牛基础汤（图8），加入通心粉（图9），煮透后加入黄油炒面增稠，加入包菜条，加入玫瑰盐和黑胡椒调味（图10）。

4 将汤舀出装盘即可（图11）。

# Chapter6 副菜

副菜主要是在主菜之前上桌的菜肴，是起衬托主菜作用的一道菜，副菜同样有刺激食欲的功能。现今西餐中副菜常归纳到头盘的概念之中。

# 白汁烩鸡

## 原料配方

鸡腿肉1块，面粉15克，口蘑5个，大蒜1瓣，洋葱半个，鸡基础汤150毫升，淡奶油30毫升，玫瑰盐3克，黑胡椒粉1克，黄油15克，法香3克。

## 制作步骤

1 将鸡腿肉剔去骨头，用玫瑰盐和黑胡椒粉腌制；洋葱切片；蘑菇切片；蒜切片（图1）。

2 鸡腿肉两面拍粉（图2），在锅中用黄油煎上色取出（图3、图4）。

3 不要洗锅，直接放入口蘑片、大蒜片、洋葱丝（图5），炒香炒软后加入适量的鸡基础汤、淡奶油，放入煎好的鸡腿肉烩制，最后加入盐、黑胡椒粉调味（图6）。

4 摆盘，撒上法香点缀（图7）。

# 法式香橙鸭胸

## 原料配方

鸭胸1块，香橙1个，洋葱1/4个，小洋葱头1个，土豆1个，胡萝卜1根，柠檬半个，迷迭香2枝，西芹3根，大蒜2瓣，红葡萄酒醋10毫升，橄榄油15毫升，黄油20克，迷迭香2枝，白兰地10毫升，牛基础汤100毫升，橙汁50毫升，玫瑰盐3克，黑胡椒粉1克，果醋10毫升。

## 制作步骤

1 香橙皮切丝，取橙肉；柠檬切片；胡萝卜、西芹、洋葱切块；土豆切厚片，修成圆形棋子形（图1）。

2 鸭胸放入迷迭香、橙皮、玫瑰盐、黑胡椒粉、橙肉、胡萝卜块、西芹块、白兰地、大蒜瓣、洋葱块、柠檬片等抓拌腌制（图2）。

3 锅中加油，放入鸭胸、迷迭香、小洋葱头、大蒜煎黄煎熟（图3、图4）；棋子土豆蒸或煮熟后煎上色。

4 锅中加橙汁、橙皮、橙肉（图5），再加上牛基础汤、果醋继续烧开（图6），以小火熬汁（图7）。

5 摆盘。鸭胸切片（图8），摆上土豆、鸭胸（图9），淋上香橙酱即可（图10）。

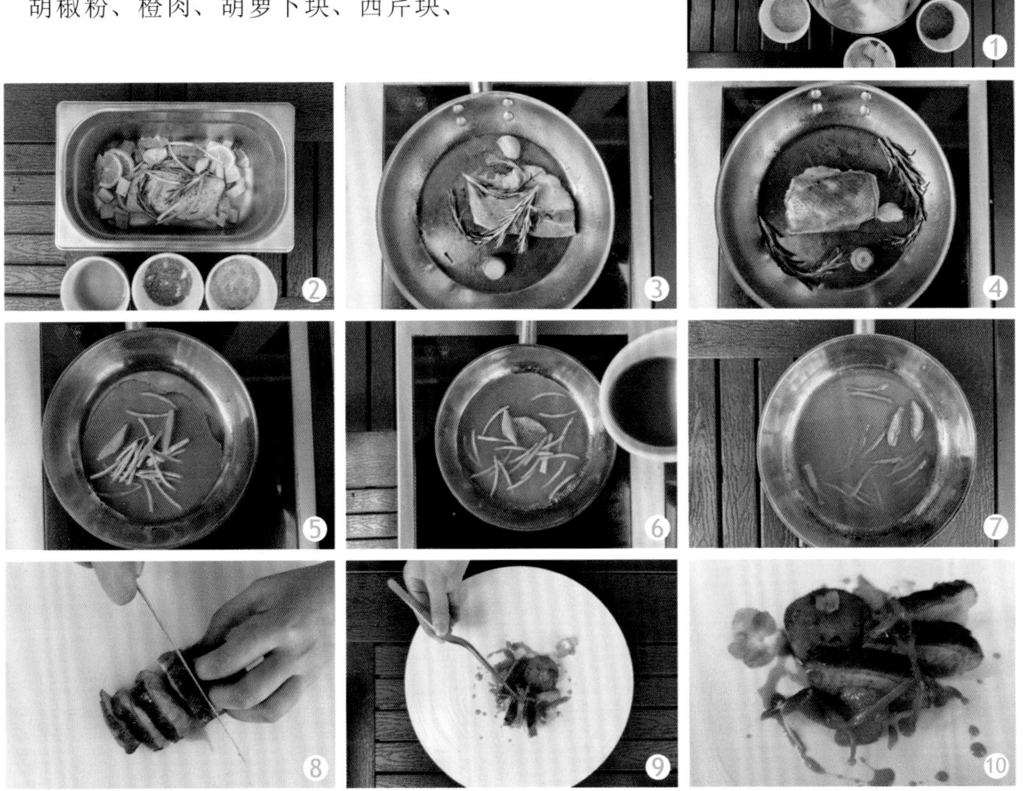

# 韩式炸鸡

## 原料配方

鸡腿肉1块，木薯粉30克，鸡蛋2个，面粉3克，生菜35克，大蒜粉3克，蛋黄酱30克，番茄酱30克，玫瑰盐3克，黑胡椒粉1克。

## 制作步骤

1 鸡腿肉去骨切块，加玫瑰盐和黑胡椒粉、大蒜粉腌制（图1、图2）。

2 将面粉、鸡蛋、木薯粉调成糊（图3）；将腌好的鸡块放入糊中裹匀（图4、图5）

3 锅里放入油，烧至165℃，将鸡块裹上面糊再裹一层木薯粉（图6），放入油锅中炸至金黄（图7）。捞出后待油温升起，复炸15秒，再次捞出，沥去余油（图8）。

4 装盘。摆上生菜，放上炸鸡，配上蛋黄酱、番茄酱等调料（图9）。

# 煎鸡脯配白汁

## 原料配方

鸡脯1片，培根1片，洋葱半个，胡萝卜1根，土豆1个，百里香3枝，鸡基础汤100毫升，牛奶100毫升，淡奶油30毫升，玫瑰盐3克，黄油20克，黑胡椒粉2克，面粉15克，黄油炒面10克，薄荷叶1枝，紫纹菜头1片。

## 制作步骤

1 鸡脯洗净吸干水分，用刀修平整（图1），从侧面用小刀剖一个口袋（图2），塞入培根片（图3），然后恢复原状（图4）；将鸡脯拍上面粉（图5），准备好主辅料（图6）。

2 将锅烧热，放入鸡脯（图7），双面煎制上色（图8），再放入黄油、橄榄形胡萝卜、橄榄形土豆煎熟（图9）。

3 另起一锅，放入黄油熔化，炒香洋葱碎，加入鸡基础汤、牛奶、淡奶油等搅匀，加入玫瑰盐和黑胡椒粉调味，最后用黄油炒面增稠，做成白汁。（图10）。

4 摆盘。将白汁在盘中勾划定位，再将鸡脯从中间斜切成两块，竖起装盘，摆上橄榄形胡萝卜、橄榄形土豆，点缀薄荷叶、紫纹菜头等即可（图11）。

# 煎芦笋配荷兰汁

## 原料配方

芦笋6～8根，鸡蛋1个，黄油15克，橄榄油15毫升，玫瑰盐3克，黑胡椒粉1克，糖1克，白葡萄酒醋10毫升。

## 制作步骤

1 芦笋根部刨去外皮，改刀切齐（图1）。

2 制荷兰汁：锅中烧温水，蛋黄隔水打散，加入玫瑰盐、糖、白葡萄酒醋和黑胡椒粉调味，分次倒入澄清黄油（图2），每次搅至完全融合，直到微黏稠（图3）。

3 锅中加橄榄油，用小火将芦笋煎上色（图4），放入黄油增香（图5）。

4 待芦笋成熟后装盘（图6），淋上荷兰汁即可（图7）。

# 煎三文鱼配奶油汁

## 原料配方

带皮三文鱼1段，迷迭香3枝，玫瑰盐3克，黑胡椒粉1克，黄油15克，淡奶油15克。

## 制作步骤

1 将三文鱼段去鳞洗净，用厨房纸吸干水分后批去鱼皮（图1）；鱼皮放在烘焙纸上送入烤箱，以150℃烤干烤脆（图2）。

2 主配料备齐（图3）。三文鱼段用玫瑰盐和黑胡椒粉稍腌制（图4），放入平底锅中双面煎上色（图5、图6）。

3 锅中放入黄油熔化，加入迷迭香煎香（图7），加入淡奶油煮匀（图8），加上盐和黑胡椒粉调味（图9）。

4 摆盘。盘中放入煎好的三文鱼段，淋入淡奶油汁，摆上烤脆的三文鱼鱼皮，撒上法香碎，擦点柠檬皮屑撒上（图10）即可。

# 咖喱鸡

## 原料配方

鸡腿1个，土豆1个，胡萝卜1根，洋葱半个，柠檬1角，大蒜2瓣，玫瑰盐3克，黑胡椒粉2克，橄榄油15毫升，椰浆50毫升，咖喱粉3克，香菜2克，香叶2片。

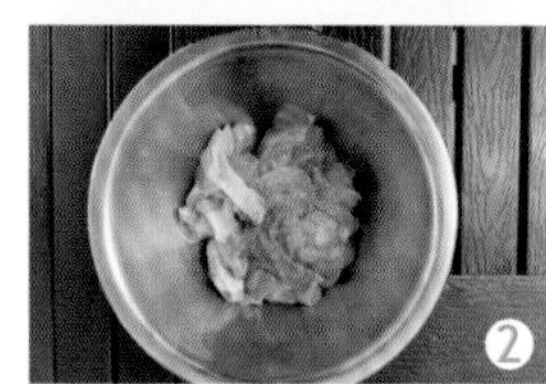

## 制作步骤

1 鸡腿去骨切块，土豆、胡萝卜、洋葱切块（图1）。
2 鸡腿加玫瑰盐和黑胡椒粉腌制（图2）。
3 锅中加油，放入咖喱粉炒匀炒香，盛出备用（图3）。
4 锅中加油，放入鸡块煎上色，盛出备用（图4、图5）。
5 另取一锅，锅中加油，放入洋葱、香叶、胡萝卜、土豆等炒香（图6），倒入煎好的鸡（图7），倒入水、椰浆（图8），加入拌好的咖喱煮至浓稠（图9），挤点柠檬汁（图10），收稠汤汁即可。
6 将鸡块装盘，用香菜点缀（图11）。

# 猎人烩鸡

**原料配方**

净光鸡 1只，洋葱半个，大蒜2瓣，番茄1个，面粉15克，玫瑰盐3克，黑胡椒粉2克，迷迭香2枝，红葡萄酒50毫升，香叶2片，黄油35克，番茄膏20克，鸡基础汤150毫升。

**制作步骤**

1 净光鸡斩成块；洋葱、番茄切块；大蒜切片（图1）。

2 锅中加油，将鸡块拍粉放入锅中（图2），煎上色（图3），加入黄油提香。

3 锅中加油，放入洋葱、大蒜、迷迭香、香叶炒香（图4），放入番茄膏炒匀（图5），放入番茄炒匀（图6），再加入鸡基础汤、红葡萄酒炖煮（图7），加入玫瑰盐和黑胡椒调味，放入煎黄的鸡块（图8），烧开后烩制3～5min出锅。

4 将鸡块装盘（图9）。

# 蜜汁鸭胸配水果红酒酱

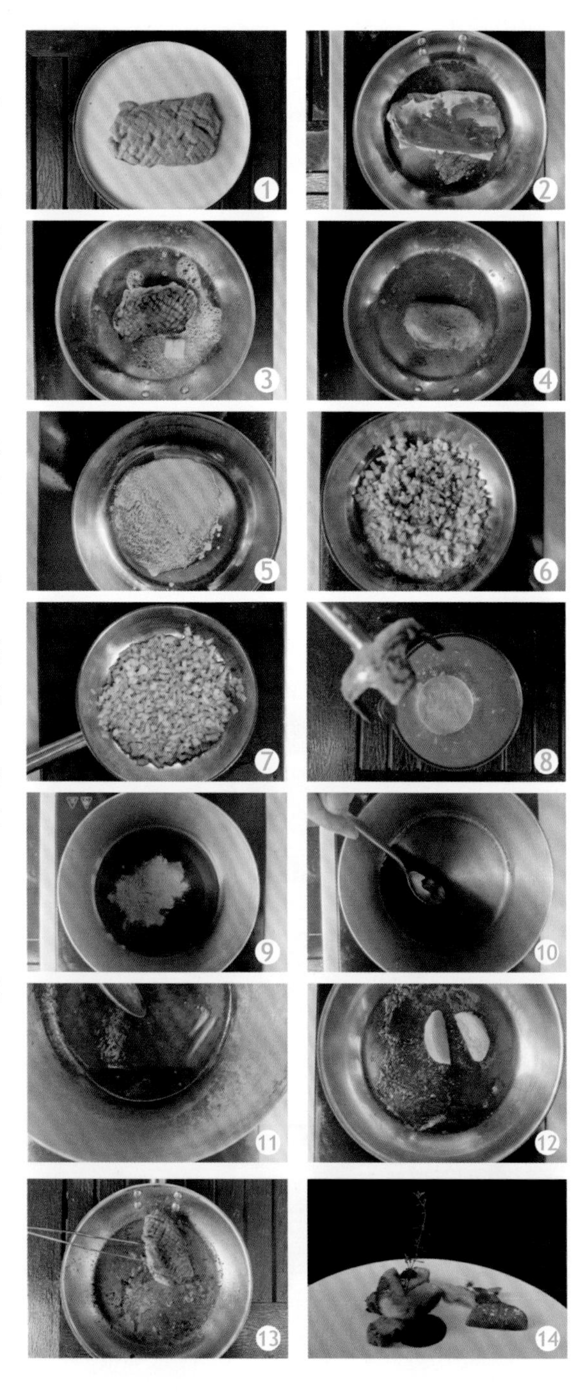

## 原料配方

鸭胸1块，桃子1个，苹果1个，红酒15毫升，肉桂粉1克，番茄膏15克，牛基础汤100毫升，黄油15克，丁香2～3颗，糖5克，柳橙汁10毫升，玫瑰盐3克，黑胡椒粉1克。

## 制作步骤

1 在鸭胸表面剞上十字花刀（图1），鸭胸加玫瑰盐和黑胡椒粉腌制，先将皮面朝下煎制（图2），待皮面煎黄（图3），翻个身继续煎熟（图4）。

2 苹果泥：锅中加黄油（图5），熔化后加入苹果粒炒软，加入盐、丁香、肉桂粉调味（图6），再放入牛基础汤煮入味（图7），倒入搅拌机打成泥（图8）。

3 红酒汁：锅中加红酒、肉桂粉、糖煮开（图9），再加入番茄膏熬至浓稠（图10、图11）。

4 锅中放入柳橙汁、桃子、糖烧开，将桃子熬煎上焦糖色（图12）。

5 将鸭胸取出（图13），切成厚片摆盘（图14）。

# 香煎鸡排配红椒酱

## 原料配方

鸡腿1只，大蒜4瓣，红椒1个，胡萝卜1根，洋葱半个，百里香3枝，黄油35克，白葡萄酒10毫升，橄榄油15毫升，玫瑰盐3克，黑胡椒粉2克，装饰花草少量。

## 制作步骤

1 红椒用喷火枪将皮烧焦后去皮切块（图1、图2）；胡萝卜削成橄榄形；洋葱、大蒜切碎；鸡腿去骨（图3、图4）。

2 鸡腿用玫瑰盐和黑胡椒、白葡萄酒、百里香腌制（图5）。

3 红椒酱：配齐红椒块、大蒜碎、洋葱碎、百里香等（图6），锅中加油，放入大蒜碎、洋葱碎、红椒块、百里香炒香（图7），倒入鸡汤炖煮后（图8），放入搅拌机打成汁（图9）。

4 锅中加油，放入腌制好的鸡扒、百里香煎上色（图10），放入黄油增香，放入胡萝卜煎上色（图11），煎熟出锅备用。

5 将红椒酱勾划定位，将鸡排摆盘，配上橄榄形胡萝卜及装饰的花草等（图12）。

# 香煎鲈鱼配柠檬白汁

## 原料配方

鲈鱼1条，柠檬半个，芦笋2根，洋葱1/4个，圣女果3～5个，面粉15克，牛奶25毫升，白葡萄酒10毫升，黄油15克，橄榄油10毫升，玫瑰盐3克，黑胡椒粉1克，法香5克。

## 制作步骤

1 原料处理：鲈鱼剖开、洗净，切下半边；洋葱、法香切碎；芦笋洗净切段（图1）。

2 黄油炒面：锅热加黄油，放入面粉炒匀至炒香呈微黄（图2）。盛出备用。

3 柠檬白汁：锅中加油，放入洋葱炒香（图3），加入白葡萄酒、牛奶，加入黄油炒面搅匀（图4），后加入柠檬汁、黄油、玫瑰盐和黑胡椒粉调味，撒上法香碎（图5），盛出备用。

4 锅中加油，放入芦笋、圣女果、洋葱炒香加少许黄油炒熟，盛出备用（图6）。

5 鲈鱼用盐、黑胡椒粉、白葡萄酒、柠檬碎腌制（图7）。

6 锅中加油，鱼皮面拍粉（图8），皮朝下放入锅中煎，煎至金黄翻面（图9），盛出。

7 装盘，盘中抹上柠檬白汁，放上鲈鱼、蔬菜（图10），擦点柠檬皮（图11），摆上花草即可（图12）。

# 油封鸭腿配红酒汁

## 原料配方

鸭腿1只，土豆1个，芦笋3～4根，圣女果4个，迷迭香2～3枝，百里香2～3枝，香叶3片，玫瑰盐3克，黑胡椒粉2克，红酒75毫升，白糖2克，脆花粒15克，橄榄油15毫升，鸭油1000毫升。

## 制作步骤

1 鸭腿背面用刀背敲击拍松；土豆去皮切块；芦笋根部刨去皮，洗净备用（图1）。

2 鸭腿用玫瑰盐、黑胡椒粉、红酒、迷迭香、橄榄油等拌匀，放入冰箱冷藏层腌制12小时（图2）。

3 土豆块加上盐、黑胡椒粉、百里香、橄榄油等拌匀（图3），加上圣女果和芦笋等一起送入烤箱，以180℃烤10min至熟（图4）。

4 将鸭油倒入厚底锅中，加入迷迭香、百里香、香叶等，加热至115℃。将取出的鸭腿用厨房纸吸干水分后，放入鸭油中（图5），使油温降低到85℃，油封烹饪鸭肉3小时（图6）。

5 红酒加上白糖、盐、黄油，用小火熬成汁。

6 摆盘。将鸭腿取出，用厨房纸吸干油分，表皮刷上浓缩的红酒汁，沾上红色的脆花粒装盘，配上烤蔬菜等；再淋上浓缩的红酒汁（图7）。

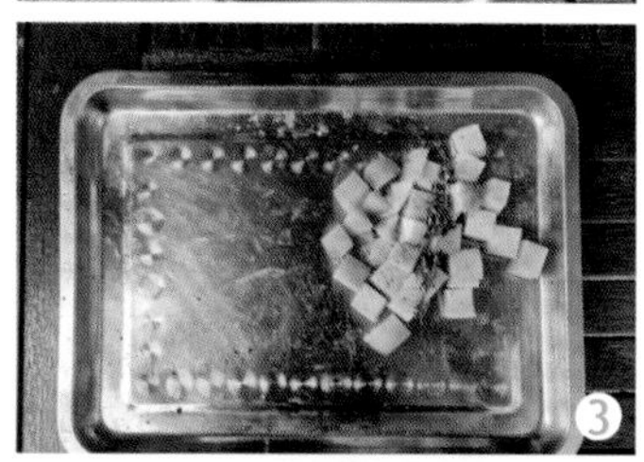

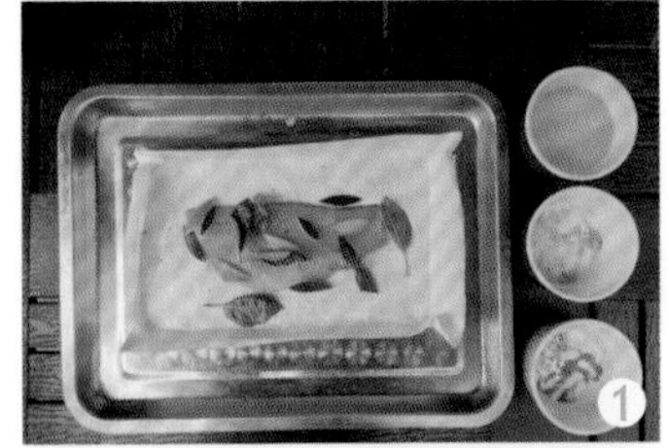

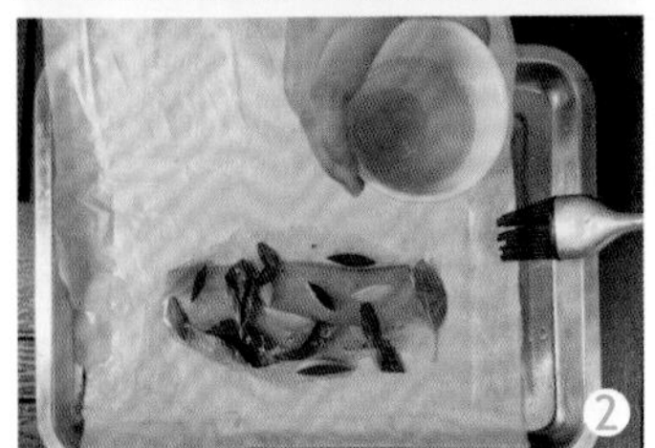

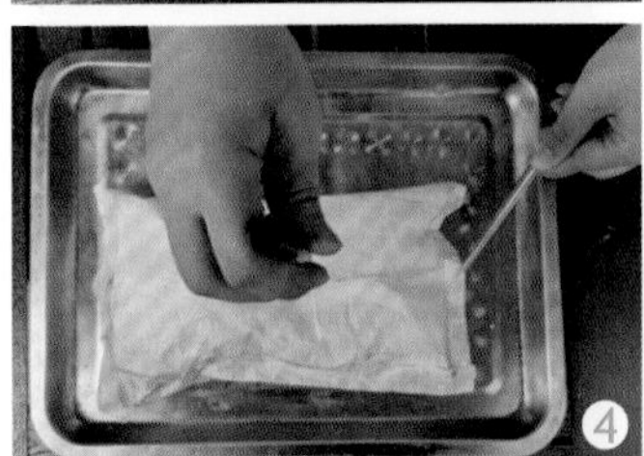

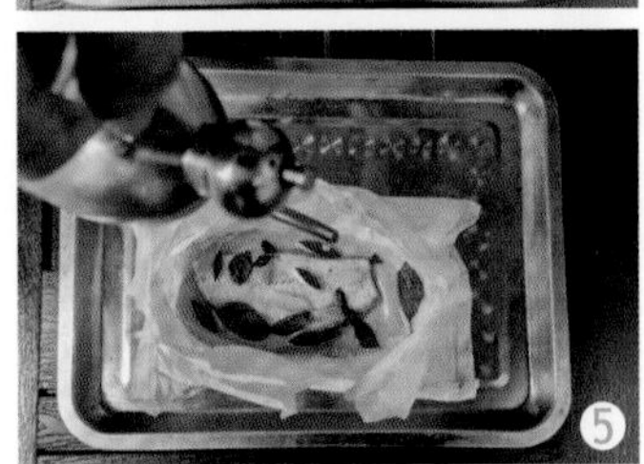

# 纸包鱼

## 原料配方

鱼柳1片，洋葱1/4个，绿色节瓜1片，黄色节瓜1片，蛋清1个，玫瑰盐3克，黑胡椒粉2克，白葡萄酒10毫升，鸡基础汤25毫升，橄榄油10毫升，罗勒叶10克。

## 制作步骤

1 将鱼柳放在油纸上，用玫瑰盐和黑胡椒粉腌制，放上切好的节瓜、洋葱和罗勒叶，淋点白葡萄酒、鸡基础汤（图1），在油纸边缘涂上蛋清（图2），盖上另一张油纸封边（图3）。

2 送入烤箱，以180℃，烤制6～8min。

3 取出后摆盘，用刀划开油纸（图4），淋上少许橄榄油（图5），即为成品（图6）。

# 煮鸡肉卷配荷兰汁

## 原料配方

鸡胸肉2块（1块带皮，1块不带皮），芦笋2根，西芹2根，鸡蛋1个，洋葱半个，圣女果2个，手指胡萝卜2根，普通胡萝卜半根，迷迭香1根，橄榄油10毫升，淡奶油50毫升，玫瑰盐3克，黑胡椒粉1克，黄油35克。

## 制作步骤

1 澄清黄油：将黄油隔水加热后静置，上层即为澄清黄油。

2 荷兰汁：锅中烧温水，蛋黄隔水打散，加入玫瑰盐和黑胡椒粉调味，分次倒入澄清黄油（图1），每次搅至完全融合，直到微黏稠（图2）。

3 鸡肉慕斯：不带皮鸡胸肉、盐、黑胡椒粉、鸡蛋清、淡奶油放入搅拌机打成糊（图3～图5）。

4 普通胡萝卜、西芹、洋葱切丁；手指胡萝卜对半切；芦笋去根只要头；鸡蛋分离出蛋黄另用（图6）。

5 鸡肉慕斯中加入西芹、胡萝卜、洋葱搅匀，用盐和黑胡椒粉调味（图7）。

6 将带皮鸡胸肉修平，铺在保鲜膜上，撒上盐和黑胡椒，放上鸡肉慕斯（图8），将其卷成卷（图9），两头封紧戳几个洞（图10）。

7 放入水锅低温65℃慢煮25min（图11），然后取出去掉保鲜膜（图12）。

8 锅中加油，放入鸡肉卷煎至上色（图13），同时将芦笋、手指胡萝卜、圣女果煎熟。

9 摆盘：荷兰汁铺底，鸡肉卷切厚片排上，摆上蔬菜即可（图14）。

# Chapter7 主菜

### 1. 畜肉类菜肴

畜肉类菜肴的原料取自牛、羊、猪等各个部位的肉，其中最有代表性的是牛肉或牛排。畜肉类菜肴配用的调味汁主要有西班牙汁、浓烧汁、蘑菇汁、红酒汁等。

### 2. 水产类菜肴

水产类菜肴种类很多，品种包括各种淡水鱼类、海水鱼类、软体动物类等。水产类菜肴常用的调味汁有千岛汁、荷兰汁、白汁、白奶油汁等。

### 3. 禽类菜肴

禽类菜肴的原料取自鸡、鸭、鹅等。禽类菜肴品种最多的是鸡，有山鸡、火鸡、竹鸡等。烹法可煮、可炸、可烤、可焖，主要的调味汁有黄肉汁、咖喱汁、奶油汁等。

### 4. 蔬菜类菜肴

蔬菜类菜肴可以安排在肉类菜肴之后，也可以与肉类菜肴同时上桌。蔬菜类菜肴在西餐中称为沙拉，与主菜同时服务的沙拉，称为生蔬菜沙拉。一般用生菜、西红柿、黄瓜、芦笋等制作。沙拉的主要调味汁有醋油汁、法国汁、千岛汁、蛋黄酱等。

# 低温牛柳配时蔬土豆千层佐波尔多汁

## 原料配方

牛柳1块，各色手指胡萝卜4根，坚果碎35克，土豆1个，洋葱1/4个，圣女果3个，节瓜1根，芦笋2根，百里香4枝，牛基础汤100毫升，糖5克，白醋10毫升，红酒50毫升，香叶2片，法香碎10克，黄油30克，玫瑰盐3克，黄芥末酱10克，黑胡椒粉2克，黄汁粉3克。

## 制作步骤

1 各色手指胡萝卜洗净后用刨子刨成长薄片，用盐、醋和糖浸泡一下入味。

2 香草坚果碎：将新鲜法香碎放入烤箱，用110℃烤3～5分钟至脆揉碎，然后将坚果碎与法香混合备用。

3 将牛柳铺在保鲜膜上，抹上玫瑰盐和黑胡椒粉，放上百里香，将其卷成卷，用牙签戳上小洞（图1），放入低温慢煮机以65～75℃煮25～30min（图2），取出后去掉保鲜膜备用（图3）。

4 锅中加油，放入牛肉卷煎上色（图4）。在煎制过程中，用汤勺不停地将热黄油浇在牛柳上，便于成熟入味（图5）。取出后，刷上一层黄芥末酱（图6），裹上一层坚果碎（图7），放入烤箱200℃，烤7～8min。

5 锅中加黄油，放入蔬菜煎熟（图8），煎汁留用。

6 土豆千层：土豆切成长方片，每片之间刷上黄油，放入烤箱以220℃烤上色。

7 波尔多汁：锅中放黄油，将洋葱碎炒香，加入波尔多红酒、牛基础汤烧开（图9），再加入黄汁粉，熬至浓稠后过滤（图10）。

8 将牛柳切成段（图11）摆盘，配上黄油炒时蔬、糖醋胡萝卜片，浇上煎蔬菜的黄油汁以及波尔多汁（图12）。

# 黑椒牛排

## 原料配方

牛里脊1块，芦笋2根，胡萝卜1根，洋葱1个，圣女果2～5个，土豆1个，百里香3枝，迷迭香2枝，黄油15克，辣酱油10毫升，褐色牛基础汤100毫升，玫瑰盐3克，黑胡椒粉1克，黑胡椒碎2克。

## 制作步骤

1 将牛里脊用盐和黑胡椒粉腌制；芦笋根部刨去皮；胡萝卜切成条；洋葱放入搅拌机中搅打成泥；土豆切成长片，刷上黄油，用烤箱以180℃烤脆备用（图1）。

2 锅烧热，将牛里脊、百里香、迷迭香放入，将牛里脊煎上色（图2）；侧面也煎上色，封住肉汁（图3）。

3 胡萝卜条用黄油炒香（图4），再放入芦笋、圣女果炒熟，用盐和黑胡椒粉调味（图5）。

4 锅中放黄油烧热，放入洋葱泥炒香（图6），放入褐色牛基础汤，用玫瑰盐、辣酱油和黑胡椒粉、黑胡椒碎调味，用小火收稠黑椒汁（图7）。

5 摆盘：在盘中放入牛排定位，配上胡萝卜条、圣女果、芦笋、烤薯片等，淋上黑椒汁（图8）。

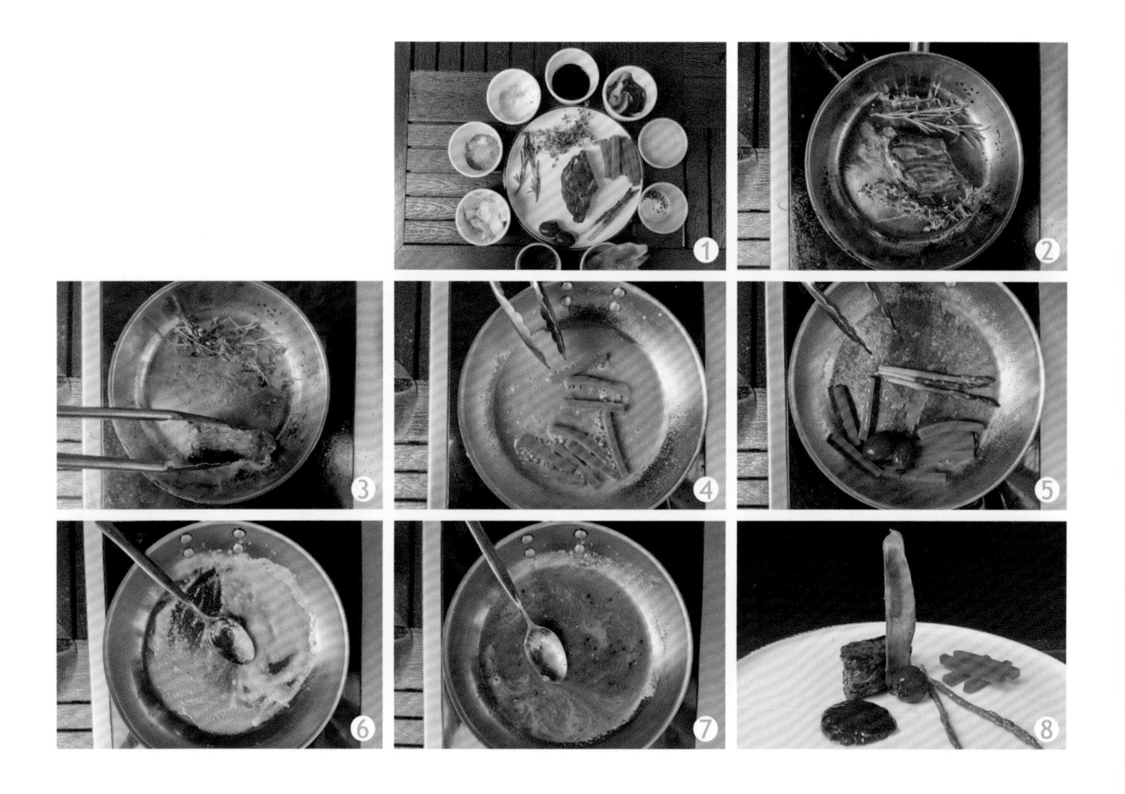

# 红烩牛肉

## 原料配方

牛腩100克，红酒100毫升，胡萝卜1根，西芹2根，土豆1个，洋葱半个，百里香3枝，迷迭香1枝，大蒜2瓣，面粉15克，番茄1个，香叶2片，橄榄油15毫升，百里香3克，番茄膏10克，牛基础汤150毫升。

## 制作步骤

1 将牛腩切块，番茄、洋葱切块，西芹切段，土豆、胡萝卜削成橄榄形（图1）。

2 锅中加油，放入沾上面粉的牛腩煎上色（图2）。

3 继续放入百里香、迷迭香、香叶炒香（图3）。

4 然后加入番茄膏、红酒、牛基础汤、洋葱块、橄榄形胡萝卜、橄榄形土豆、番茄块、大蒜片等炒匀（图4）。

5 先用大火烧开，改用小火炖煮至浓稠且牛肉酥软（图5）。

6 将烩牛肉盛出摆盘（图6）。

# 惠灵顿牛排

## 原料配方

牛里脊1块，口蘑11个，面粉100克，蟹味菇1把，圣女果2个，大蒜2瓣，芦笋1根，手指胡萝卜3根，鸡蛋1个，酥皮1份，洋葱半个，火腿1块，鸡枞菇2个，黄油50克，黄芥末酱10克，百里香3枝，玫瑰盐5克，黑胡椒粉2克，褐色牛基础汤100毫升，红酒15毫升。

## 制作步骤

1 火腿刨片；大蒜、洋葱、口蘑切碎；蟹味菇洗净切成段；鸡枞菇菇柄修尖；手指胡萝卜刨去皮修尖；圣女果洗净；芦笋取笋尖部洗净备用（图1）。

2 锅中加油，放入百里香、大蒜、黄油、牛里脊煎至上色（图2）。

3 锅中加油，放入蟹味菇、手指胡萝卜、圣女果、芦笋煎上色（图3）。

4 锅中加油，放入洋葱碎、口蘑碎、百里香炒香，加盐和黑胡椒粉调味（图4）。

5 保鲜膜上铺上火腿片，放上炒好的蘑菇碎（图5），再放上煎上色的牛里脊（图6），卷成卷（图7），然后冷藏1小时。

6 将酥皮擀开（图8），在表面刷上蛋黄液（图9），将冷藏的牛里脊取出，刷上黄芥末酱（图10），再将它置于刷过蛋黄液的酥片上（图11），卷起后表面再刷一层蛋黄液（图12），盖一层用酥皮刀划过纹路的酥皮（图13），再卷成卷（图14），再刷上一层蛋黄液（图15），撒点玫瑰盐（图16）。放入烤箱200℃，烤制20min左右，烤上色（图17）。

7 将红酒放入干净的沙司锅中，烧热后加入褐色牛基础汤，用盐和黑胡椒粉调味，逐渐浓缩至稠；然后牛里脊切块摆盘（图18），淋上酱汁，配上炒熟的各色蔬菜（图19）。

7
8
9
10
11
12
13
14
15
16
17
18
19

# 煎猪排配酸奶沙司

## 原料配方

猪排1～2块，洋葱碎15克，玉米粒15克，芦笋粒15克，胡萝卜粒15克，圣女果2个，迷迭香2枝，百里香2枝，酸奶35克，法香碎2克，黄油15克，玫瑰盐3克，黑胡椒粉2克。

## 制作步骤

1 猪排用玫瑰盐和黑胡椒粉腌制（图1）；锅中放入黄油熔化（图2）；放入猪排煎制，至双面煎黄（图3），加入迷迭香、百里香，再送入烤箱以180℃烤制2分钟（图4）。

2 锅内放入黄油熔化（图5），放入洋葱碎炒香，再放入胡萝卜粒、玉米粒、芦笋粒、圣女果炒熟（图6），放入盐和胡椒粉调味。

3 在酸奶中加入法香碎，搅拌均匀（图7）。

4 摆盘：将猪排切成条，装盘定位，配上各种蔬菜粒和酸奶沙司（图8）。

# 烤低温鸡胸配西葫芦及圣女果

## 原料配方

鸡胸1块，大蒜2瓣，西葫芦1节，圣女果3个，百里香4枝，玫瑰盐3克，黑胡椒粉2克，黄油15克，糖1克，橄榄油15毫升，香叶2片，黑醋1克。

## 制作步骤

1 大蒜、西葫芦、圣女果切片。

2 鸡胸加玫瑰盐和黑胡椒腌制（图1），和大蒜片、百里香一起放入保鲜膜中包起（图2），放入水浴锅中，以低温68℃煮制25min（图3）。

3 取出去掉保鲜膜（图4），抹上黄油（图5），摆上西葫芦、圣女果片（图6），送入烤箱，以180℃烤15min，至上色（图7）。

4 酱汁：烤盘中的汁水加黄油、黑醋等混合调匀。

5 摆盘，淋上酱汁（图8）。

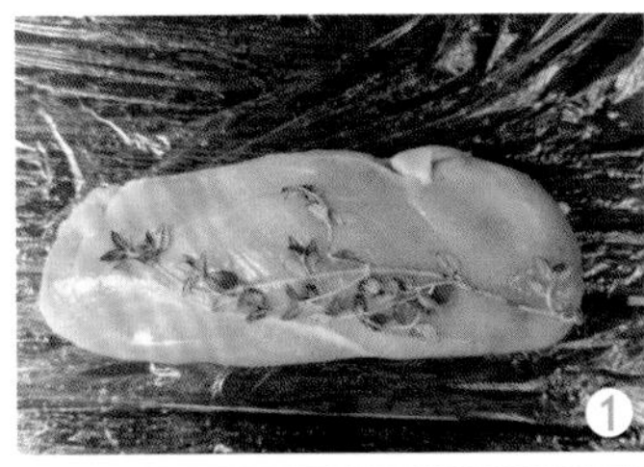


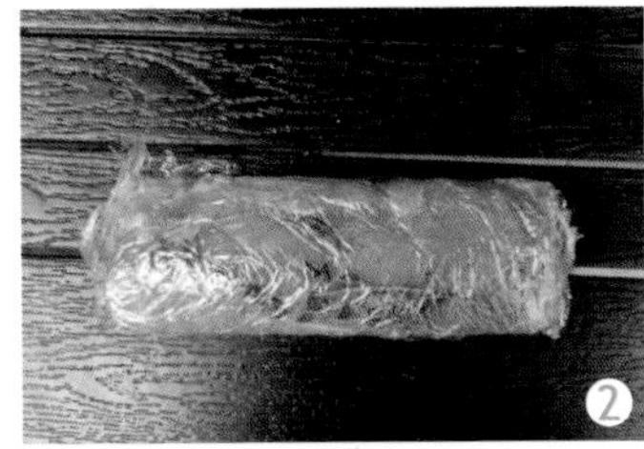

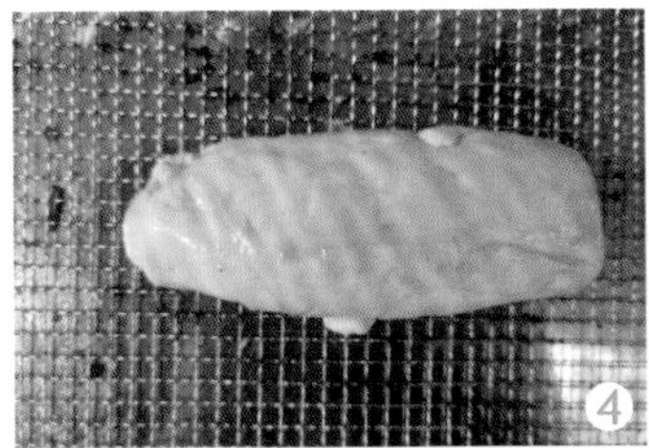


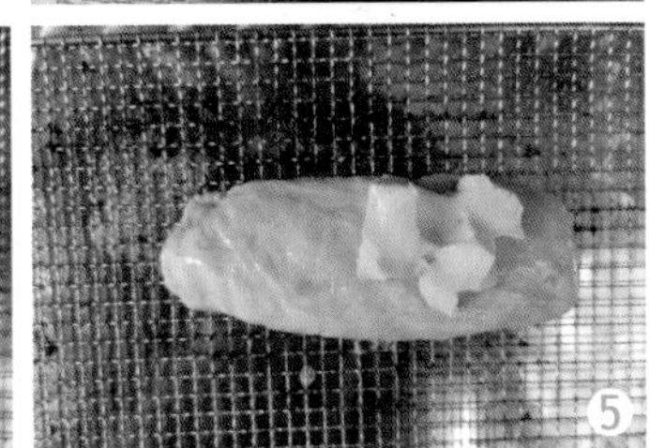

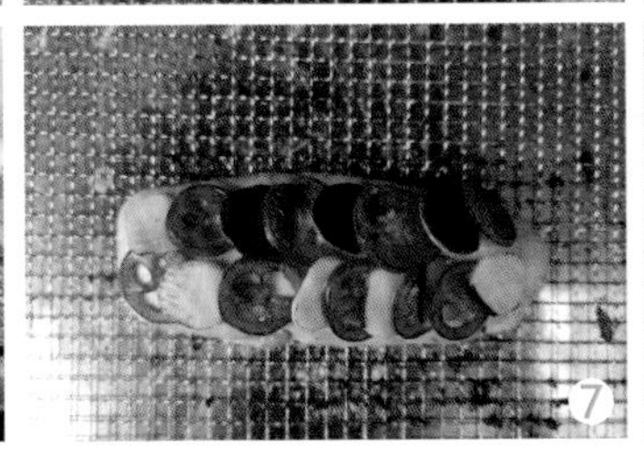

# 烤酿馅猪肉卷配焦糖苹果汁

## 原料配方

猪里脊肉1块，苹果1个，洋葱半个，玫瑰盐3克，糖5克，黑胡椒粉2克，白葡萄酒20毫升，白兰地10毫升，牛基础汤100毫升。

## 制作步骤

1 苹果、洋葱切丁；猪里脊旋切成大长片（图1）。

2 酱汁：锅中加油，放入苹果、糖，炒出焦糖色（图2），盛出备用（图3）。

3 馅料：锅中加油，放洋葱炒香，放入苹果、牛基础汤、白葡萄酒、白兰地将苹果煮软（图4），以玫瑰盐和黑胡椒粉调味，盛出备用。

4 猪柳铺在保鲜膜上（图5），放上炒好的馅料卷成卷（图6），放入水浴锅或低温料理机中以72℃，煮20min（图7）。取出后，去掉保鲜膜备用。

5 用喷枪将猪柳烤上色（图8），再切成块。

6 摆盘，配上焦糖苹果酱汁（图9）。

# 迷迭香烤鸡

原料配方

净光鸡1只，洋葱片15克，胡萝卜块20克，西芹块15克，土豆块20克，圣女果6个，柠檬1个，白兰地10毫升，迷迭香适量，卡真粉20克，甜椒粉20克，橄榄油适量，蜂蜜20克，玫瑰盐10克，黑胡椒粉3克。

制作步骤

1 将净光鸡用洋葱、胡萝卜、西芹、土豆、圣女果、柠檬、白兰地、迷迭香、卡真粉、甜椒粉、橄榄油、玫瑰盐和黑胡椒粉腌制一晚（图1）。

2 将腌制好的光鸡和配料一起放入烤盘中（图2）。

3 将烤盘送入烤箱，以200℃，烤制35min（图3），取出刷上一层蜂蜜，继续烤制10min以更好地上色（图4）。

4 从烤箱中取出烤盘。

5 装盘，配上蔬菜即可（图5）。

# 普罗旺斯烤羊排

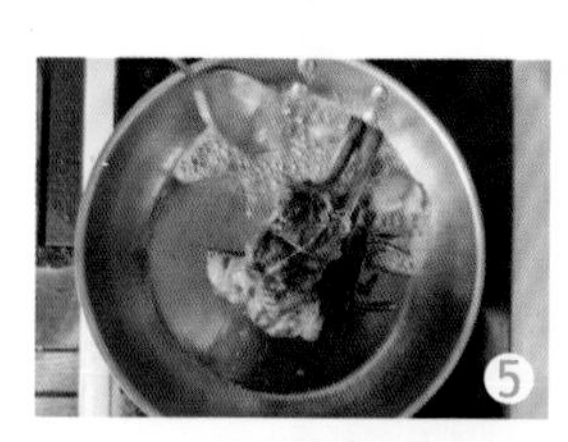

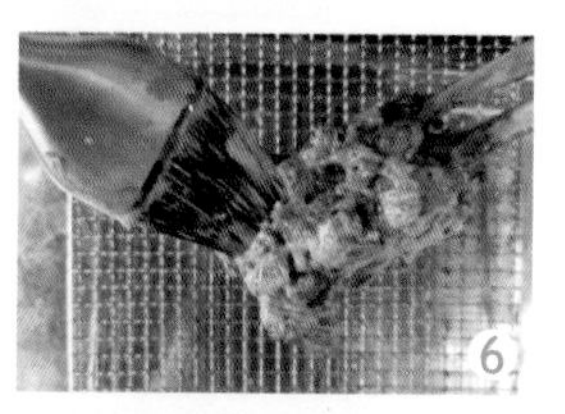

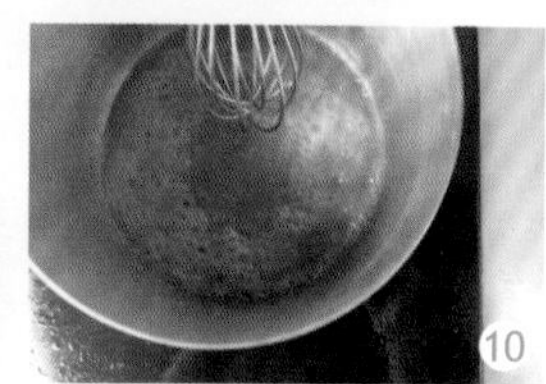

## 原料配方

羊排2块，面包糠35克，大蒜2瓣，手指胡萝卜1根，圣女果2个，芦笋1根，罗勒10克，百里香2枝，法香15克，迷迭香1枝，黄芥末酱10克，黄油15克，玫瑰盐3克，黑胡椒粉1克，橄榄油10毫升。

## 制作步骤

1 将手指胡萝卜刨皮；芦笋修尖；大蒜切片（图1）。

2 罗勒、法香、面包糠放入搅拌机打碎（图2），然后烘干（图3）。

3 羊排用棉线扎紧，加玫瑰盐和黑胡椒粉、橄榄油腌制（图4）。

4 锅中加油，放入羊排、迷迭香、大蒜煎上色加入黄油提香（图5），盛出备用。

5 拆去棉线，在羊排上刷上一层黄芥末酱（图6），裹一层烘好的面包糠碎（图7），放入烤箱，以200℃烤6～7min。

6 锅中加油，将手指胡萝卜、圣女果、芦笋煎上色（图8），煎汁留用。

7 将煎蔬菜的汁放入锅中，加入盐和黑胡椒粉调味（图9），最后加入黄油浓稠汤汁（图10）。

8 摆盘，淋上酱汁（图11）。

## 风味特点

色泽鲜艳，香草味浓。

# 香草烤羊排配黑醋汁

## 原料配方

羊排2块，土豆1个，圣女果2个，大蒜2瓣，黑醋15毫升，糖5克，玫瑰盐3克，黑胡椒粉2克，黄油15克，法香碎3克，迷迭香2枝。

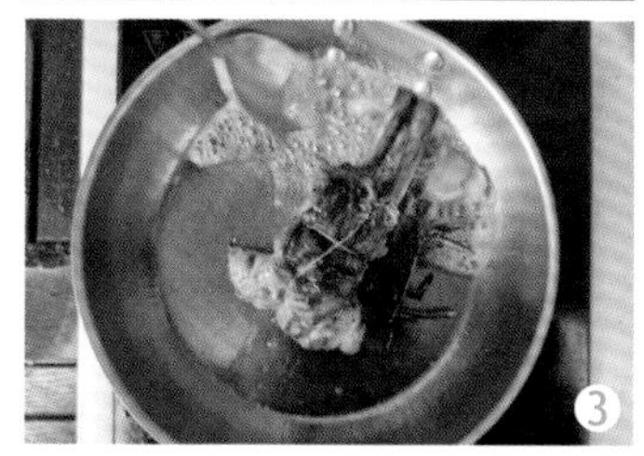

## 制作步骤

1 黑醋汁：锅中加黑醋、糖熬稠（图1）。

2 羊排用棉线扎紧，再用玫瑰盐和黑胡椒粉腌制（图2），放入锅中煎制，放入迷迭香、大蒜、黄油提香（图3），取出抹上黄油法香碎，放入烤箱，以200℃烤10min（图4）。

3 土豆参照“烤薯泥塔”和“炸薯球”的做法，制作薯泥塔、炸薯球。

4 摆盘，淋上黑醋酱汁（图5）。

# 香煎羊排配奶香土豆泥佐迷迭香草汁

## 原料配方

羊排1～2块，土豆1个，口蘑1个，胡萝卜1根，圣女果2个，迷迭香3枝，玫瑰盐3克，黑胡椒粉2克，牛基础汤100毫升，红酒25毫升，黄油25克，淡奶油10克。

## 制作步骤

1 土豆洗净去皮切块，煮熟捞出（图1），沥去水分（图2），在漏网中压成土豆泥（图3），用网筛过滤（图4），加入黄油和淡奶油的混合物搅至黏稠（图5）。

2 羊排去除筋膜、肥肉，用玫瑰盐和黑胡椒粉调味（图6）。

3 锅中加油，放入迷迭香、羊排煎上色（图7），再放入胡萝卜、圣女果、口蘑煎上色（图8）。

4 迷迭香草汁：锅内加上牛基础汤、红酒，放入迷迭香草煮透，用玫瑰盐和黑胡椒粉调味，收浓稠后即可（图9）。

5 将煎好的羊排摆盘，摆上土豆泥，淋上酱汁（图10）。

# 应季蔬菜炖羔羊肉

**原料配方**

羊肉200克，胡萝卜1根，洋葱半个，大蒜2瓣，番茄1个，土豆1个，口蘑4个，小干葱2个，面粉15克，玫瑰盐3克，黑胡椒粉2克，黄油15克，橄榄油15毫升，番茄膏30克，百里香3枝，牛基础汤200毫升，法香2克。

**制作步骤**

1 羊肉切成块；胡萝卜、洋葱、番茄、土豆、小干葱切成块；大蒜切成片；口蘑削成蘑菇花（图1）。

2 羊肉块加上玫瑰盐和黑胡椒粉腌制（图2），裹一层面粉放入油锅中煎上色（图3、图4），放块黄油提香，盛出备用。

3 锅中加油，放入洋葱、胡萝卜、番茄炒香（图5），放入番茄膏，再放入小干葱、口蘑、土豆、大蒜、百里香等炒香（图6），倒入汤锅中（图7），加入牛基础汤炖煮（图8），加入盐和黑胡椒粉调味。

4 待肉酥汤浓后摆盘（图9）。

# 炸猪排配咖喱汁

## 原料配方

猪排1块，洋葱半个，大蒜3瓣，青、黄节瓜各半根，鸡蛋3个，面粉15克，面包糠35克，装饰花草少许，橄榄油15克，玫瑰盐3克，黑胡椒粉1克，鸡基础汤150毫升，咖喱粉5克，姜黄粉5克。

## 制作步骤

1 将猪排切厚片，在肉的表面剞上刀纹或用刀背拍松；其他配料切成小丁备用（图1）。

2 把猪排用玫瑰盐和黑胡椒粉腌制（图2）。

3 酱汁：锅中加油，放入洋葱、大蒜、青节瓜丁、黄节瓜丁炒香（图3），加入鸡基础汤、咖喱粉、姜黄粉煮熟（图4），盛起备用。

4 猪排裹粉过三关：沾面粉（图5），拖鸡蛋液（图6），裹面包糠（图7）。

5 锅中加油，油温160℃下锅炸2分钟至表面金黄（图8），升高油温至180℃，炸10秒钟，捞出。

6 将猪排切条（图9），摆盘（图10）。

# Chapter8 主食

**主要以米或面制作的一些菜品。**

# 海鲜烩饭

## 原料配方

意大利米150克，带子3颗，大虾4只，小干葱2颗，卡夫芝士粉15克，鱼基础汤200毫升，橄榄油15毫升，香叶2片，玫瑰盐3克，黑胡椒粉2克，法香2克。

## 制作步骤

1 小干葱切碎，法香切碎。

2 锅中加油，放入小干葱碎炒软，加入意大利米炒匀（图1），再加入鱼基础汤煮开（图2），期间不断加入汤汁，直至熬到糊状即可，加入玫瑰盐和黑胡椒粉调味。

3 锅中加油，放入带子、虾煎熟（图3），倒入米饭中烩匀（图4）。

4 摆盘，撒上法香碎、卡夫芝士粉（图5）。

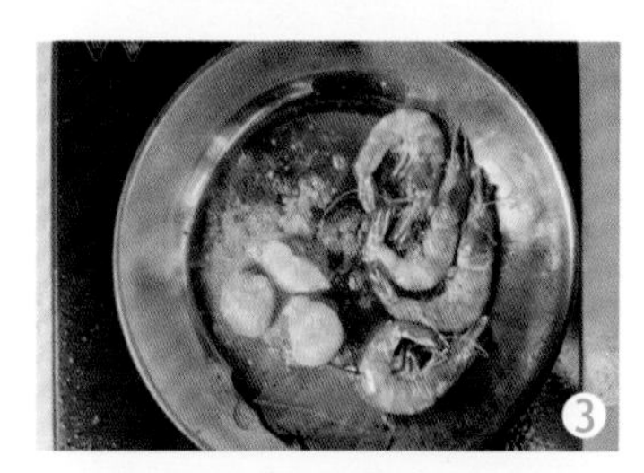

# 烩意大利饺子

## 原料配方

三文妮娜粉150克，鸡蛋1个，蛋黄2个，橄榄油5克，口蘑4个，鸡胸肉1片，大蒜2瓣，奶油奶酪15克，卡夫芝士粉15克，黄油10克，玫瑰盐3克，黑胡椒粉2克，鸡基础汤100毫升。

## 制作步骤

1 将三文妮娜粉、盐、全蛋、蛋黄、橄榄油等放在一起（图1），揉成面团（图2），放冰箱冷藏醒发（图3）。

2 用压面机压成薄的面皮（图4），用圆形和方形模具压出面皮（图5～图7）。

3 将鸡胸肉、口蘑、大蒜切碎。

4 饺子馅：将口蘑碎、鸡肉碎、大蒜碎、奶油奶酪、卡夫芝士粉、玫瑰盐和黑胡椒粉等搅匀成馅（图8）。

5 将馅料装入裱花袋（图9），将馅料挤在饺皮的中心（图10），在四周刷上蛋液将另一块皮盖上把四周压实即可（图11）。

6 放入沸水锅中煮8～9min，捞出（图12）。

7 锅中加黄油烧至微焦（图13），放入奶油奶酪、鸡基础汤搅匀（图14），放入饺子烩1～2min（图15）。

8 捞起摆盘（图16）。

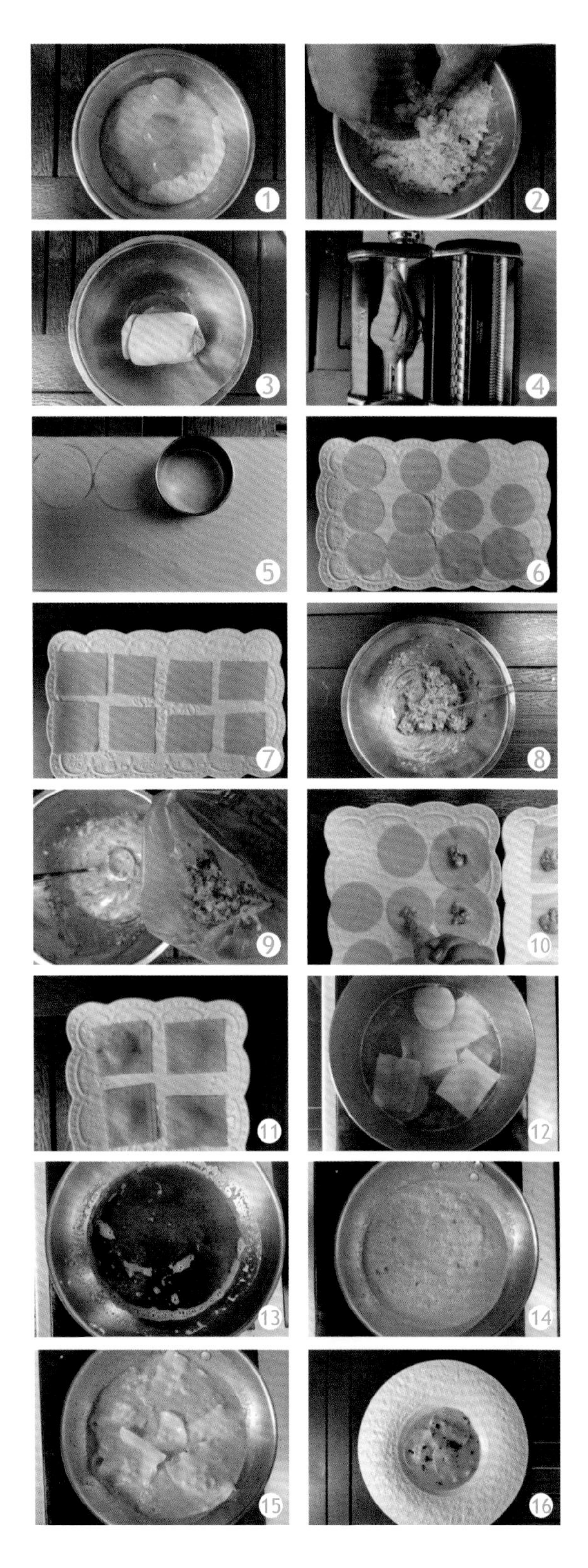

# 焗通心粉

## 原料配方

通心粉100克，帕马森芝士15克，面粉10克，马苏里拉芝士35克，淡奶油20毫升，牛奶20毫升，鸡基础汤50毫升，玫瑰盐3克，黑胡椒粉1克，橄榄油15毫升，黄油15克，法香碎5克。

## 制作步骤

1 锅中放水，烧开后加入玫瑰盐和橄榄油，放入通心粉（图1），煮10min左右，捞起过滤（图2），过凉备用。

2 白汁：锅中加黄油，放入面粉炒匀炒香（图3），倒入牛奶、鸡基础汤、淡奶油（图4），搅匀至浓稠（图5），加入玫瑰盐和黑胡椒粉调味。

3 盘中放入通心粉（图6），淋上白汁（图7），铺上帕马森芝士和马苏里拉芝士（图8），放入烤箱中，以190℃烤8min（图9）。

4 撒上法香碎（图10）。

# 奶油培根意面

## 原料配方

意式细面条100克，口蘑6个，培根2片，洋葱1/4个，大蒜2瓣，帕马森芝士10克，香叶2片，百里香2枝，玫瑰盐3克，黑胡椒粉2克，橄榄油15毫升，淡奶油100毫升，牛奶100毫升，鸡基础汤100毫升，黄油15克。

## 制作步骤

1 煮意面：锅中放水，大火烧开后放入一点玫瑰盐和橄榄油，再放入意面（图1），煮制9分钟左右，起锅倒入网筛中（图2），用水冲凉备用（图3）。

2 将口蘑切片，培根切小片，洋葱切碎（图4）。

3 培根酱：锅中加黄油，放入洋葱碎、培根片、百里香枝、口蘑片炒匀炒香（图5），加入牛奶、鸡基础汤、淡奶油（图6），炖煮后盛入碗中备用（图7）。

4 锅中加油，放入洋葱碎爆香（图8），加入意面炒匀（图9），再加入培根酱煮透（图10），加入盐和黑胡椒粉调味。

5 将意面摆盘，淋入酱汁（图11），撒上帕马森芝士（图12），稍加装饰（图13）。

# 帕玛森烩饭

**原料配方**

意大利米100克，帕玛森芝士碎10克，洋葱15克，芦笋15克，蟹味菇15克，菠菜20克，黄油10克，玫瑰盐3克，黑胡椒粉1克。

**制作步骤**

1 菠菜、洋葱放入沸水中烫煮后盖上盖子焖一会（图1），过滤出清汤（图2）。

2 锅中加油，放入芦笋、蟹味菇煎上色（图3）。

3 锅中加油，倒入意大利米炒匀，加入菠菜汤（图4），烧开后加入一半帕玛森芝士（图5），将米煮熟，加入玫瑰盐、黑胡椒粉调味（图6）。

4 另一半的帕玛森芝士碎，放硅胶垫上，用微波炉高火加热20秒钟，冷却后凝结成帕玛森芝士脆片。

5 摆盘，放上芦笋、蟹味菇、帕玛森芝士脆片（图7）。

# 青酱意面

## 原料配方

意式细面条100克，大蒜4瓣，洋葱碎15克，帕马森芝士15克，罗勒10克，玫瑰盐3克，黑胡椒粉2克，橄榄油25毫升，黄油15克。

## 制作步骤

1 青酱：将罗勒、橄榄油、大蒜瓣用均质机搅匀（图1），倒入碗中备用（图2）。

2 意面放入沸水锅中煮9min左右，捞出过凉水，备用。煮面过程可参照“奶油培根意面”。

3 锅中加油，放入洋葱碎、大蒜碎炒香（图3），放入意面炒匀（图4），倒入青酱（图5），炒拌均匀（图6），加入玫瑰盐、黑胡椒粉调味。

4 摆盘，撒上帕马森芝士（图7）。

# 清汤饺子

**原料配方**

三文妮娜粉150克，鸡蛋1个，蛋黄2个，橄榄油5毫升，口蘑4个，鸡胸肉1片，大蒜2瓣，奶油奶酪15克，卡夫芝士粉15克，玫瑰盐3克，黑胡椒粉2克，鸡清汤100毫升。

**制作步骤**

1 将三文妮娜粉、玫瑰盐、全蛋、蛋黄、橄榄油等放在一起（图1），揉成面团（图2），放冰箱冷藏醒发（图3）。

2 用压面机压成薄的面皮（图4），用圆形和方形模具压出面皮（图5～图7）。

3 将鸡胸肉、口蘑、大蒜切碎。

4 饺子馅：将口蘑碎、鸡肉碎、大蒜碎、奶油奶酪、卡夫芝士粉、盐和黑胡椒粉等搅匀成馅（图8）。

5 将馅料装入裱花袋（图9），将馅料挤在饺皮的中心（图10），在四周刷上蛋液将另一块皮盖上把四周压实即可，也可以将圆形饺子折叠一边，再将两个角叠起（图11）。

6 将各色造型的饺子放入沸水锅中煮8～9min，捞出（图12）。

7 将鸡清汤烧开备用（图13）。

8 饺子摆盘，倒入鸡清汤，点缀上法香碎即可（图14）。

# 肉酱意面

**原料配方**

意式细面条120克，牛肉末35克，大蒜2瓣，西芹2根，胡萝卜1根，洋葱半个，帕马森芝士碎15克，香叶2片，番茄1个，糖1克，番茄膏20克，披萨草2克，橄榄油15克，玫瑰盐3克，黑胡椒粉2克，牛基础汤150毫升。

**制作步骤**

1 面条煮制过程参照“奶油培根意面”中的做法。

2 西芹、胡萝卜、洋葱、番茄、大蒜等洗净切碎（图1）。

3 锅中加油，放入胡萝卜碎、西芹碎、洋葱碎炒香（图2），倒入肉酱炒至变色（图3），放入番茄膏炒匀（图4），放入番茄碎、香叶、披萨草、牛基础汤炖煮，最后将肉酱盛起备用（图5）。

4 锅中加油，放入洋葱碎、蒜末炒香，放入煮好的意面、肉酱等拌匀炒熟（图6），加入糖、玫瑰盐和黑胡椒调味。

5 用筷子卷起摆盘（图7），淋上酱汁（图8），撒上帕马森芝士碎（图9）。

# 鲜虾意面

## 原料配方

三文妮娜粉150克，大虾4只，鸡蛋1个，蛋黄2个，橄榄油5毫升，番茄1个，罗勒叶15克，卡夫芝士粉15克，玫瑰盐3克，黑胡椒粉2克，洋葱35克，鸡基础汤100毫升。

## 制作步骤

1 三文妮娜粉、盐、全蛋、蛋黄、橄榄油等放在一起（图1），揉成面团（图2），放冰箱冷藏醒发（图3）。

2 用压面机压成薄的面皮（图4），然后压出宽面（图5）。

3 锅中加水、盐、油煮开，放入宽面煮3～4min，将面条捞起过滤备用（图6）。

4 洋葱切碎；番茄切碎；虾去壳去虾线备用。

5 锅中加黄油，放入洋葱、番茄炒香，放入虾煎熟（图7），倒入鸡基础汤烧开（图8），再放入煮好的宽面，加入玫瑰盐和黑胡椒粉调味。撒上罗勒叶碎拌匀（图9）。

6 将面条捞起摆盘，撒上卡夫芝士粉即可（图10）。

# Chapter9 小吃

小吃是一类在口味上具有特定风格特色的食品的总称。小吃就地取材，能够突出反映当地的物质文化及社会生活风貌。世界各地都有各种各样的风味小吃，因当地风俗而异，特色鲜明，风味独特。

# 班尼迪克蛋

## 原料配方

鸡蛋1个，吐司圆片1片，蛋黄1个，菠菜叶4片，培根2片，黄油15克，玫瑰盐3克，黑胡椒粉1克，糖1克，果醋10毫升，白醋10毫升，柠檬汁5毫升，苦菊适量。

## 制作步骤

1 将用模具刻成圆形吐司圆片两面刷上黄油，送入烤箱，以180℃烤3min。

2 菠菜焯水捞出，放入冰水中（图1）；培根煎脆备用。

3 水波蛋：锅中加水煮至微沸，倒入白醋10毫升，用打蛋器将水搅起漩涡，打入鸡蛋（图2），撇出多余的浮沫，煮1～2min后捞出（图3）。

4 荷兰汁：在水浴锅中放入蛋黄、果醋、柠檬汁、玫瑰盐、黑胡椒粉等搅拌均匀（图4）；逐渐淋入澄清黄油，一边搅拌一边乳化（图5），直至将澄清黄油加完，搅拌成酱体，保温备用（图6）。

5 装盘。底部放上烤黄的吐司圆片，再放上菠菜、培根、水波蛋；淋上荷兰汁，撒上黑胡椒粉；最后用苦菊装饰即可（图7）。

# 汉堡包

## 原料配方

汉堡面包坯1套，牛肉100克，蛋清1个，混合香草碎1克，车达芝士片2片，洋葱半个，番茄1个，生菜2片，玫瑰盐2克，黑胡椒粉1克。

## 制作步骤

1 将牛肉、混合香草碎、蛋清、玫瑰盐和黑胡椒粉等放入搅拌机中（图1），搅成肉蓉（图2）；番茄切片；洋葱切片；生菜洗净沥干水分备用（图3）。

2 将牛肉蓉搅匀，用圆形模具煎制牛肉饼（图4、图5）

3 将汉堡面包坯烤香后取出，放上底坯再依次放上生菜片、洋葱丝（图6），再放上牛肉饼（图7），放上车达芝士片、番茄片（图8），盖上面包盖即可（图9、图10）。

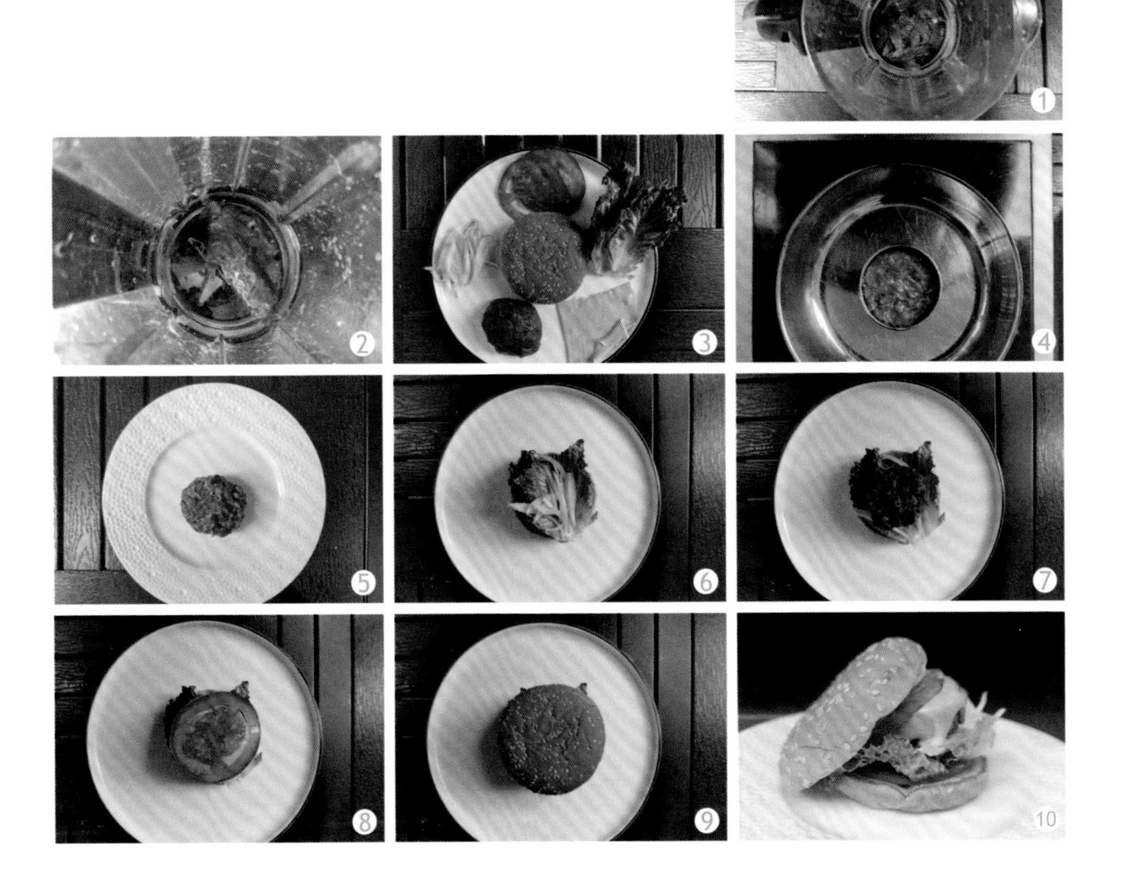

# 家常披萨

## 原料配方

中筋面粉300克，酵母5克，泡打粉5克，白糖5克，温水150毫升，芝麻菜15克，马苏里拉芝士100克，帕玛火腿15克，玫瑰盐2克，橄榄油10毫升，番茄酱75克。

## 制作步骤

1 将面粉倒在案板上与泡打粉拌匀，中间扒一窝塘，放入酵母、白糖、泡打粉、玫瑰盐，再放入温水调成面团，加上橄榄油揉匀揉透（图1）；用干净的湿布盖好饧发15分钟（图2）。

2 将芝麻菜洗净；其他辅料配齐（图3）。

3 在案板上撒上面粉，将面团搓成面饼状（图4），用叉子戳出纹路（图5）。

4 在圆饼表面上刷上番茄酱（图6），撒上马苏里拉芝士（图7），放上帕玛火腿（图8），再撒上马苏里拉芝士（图9），送入烤箱，以200℃烤20分钟。

5 取出以后摆在披萨板上，撒上芝麻菜（图10）。

# 奶香薯泥

## 原料配方

马铃薯1个，牛奶20毫升，淡奶油15毫升，黄油10克，玫瑰盐3克，黑胡椒粉1克。

## 制作步骤

1 马铃薯洗净去皮，切小块（图1、图2）。

2 锅中加水煮开，放入马铃薯块，煮软（图3），然后捞起沥干水分（图4）。

3 放漏筛里用刮板压成泥（图5），滤出细腻的薯泥（图6）。

4 趁热在薯泥中加入黄油搅拌均匀，再慢慢往里加牛奶和淡奶油，用打蛋器搅匀，加玫瑰盐和黑胡椒粉调味（图7）。

5 将土豆泥装入碗中即可（图8）。

# 墨西哥鸡肉卷

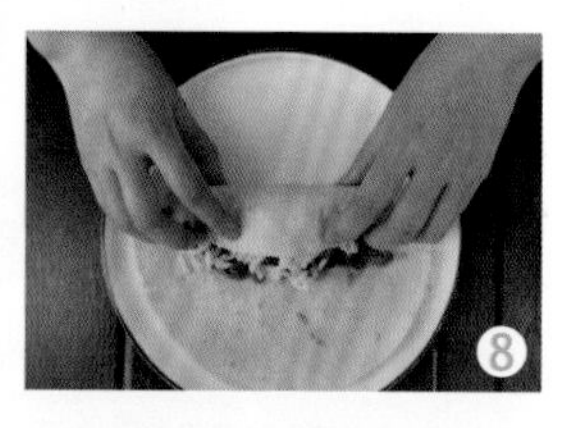

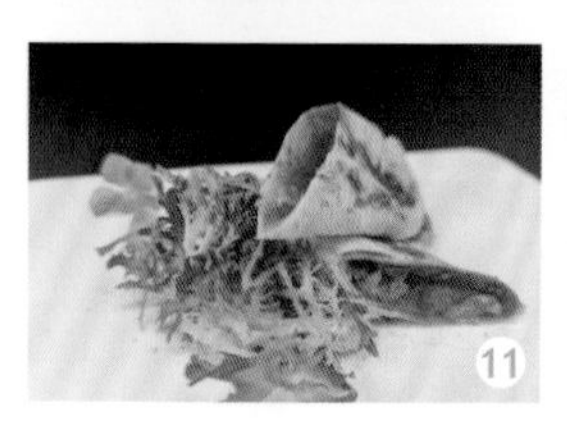


## 原料配方

鸡胸肉1片，红椒1个，马苏里拉芝士25克，洋葱半个，墨西哥薄饼2片，卡真粉2克，玫瑰盐3克，黑胡椒粉1克。

## 制作步骤

1 鸡胸肉、红椒、洋葱切丝。

2 鸡胸肉加盐、卡真粉和黑胡椒腌制（图1）。

3 锅中加油，放入洋葱炒香（图2），再放入红椒炒匀（图3），加入玫瑰盐和黑胡椒粉调味，放入鸡丝（图4），继续炒熟，加入卡真粉拌匀（图5）。

4 在墨西哥薄饼上铺上炒好的鸡肉丝（图6），再放入马苏里拉芝士（图7），将其卷成卷（图8），将封口朝下放入锅中用小火封口（图9）。

5 将墨西哥薄饼放锅中煎黄煎熟即可（图10）。

6 将肉卷斜切成段摆盘（图11）。

# 烤薯泥塔

## 原料配方

马铃薯泥（参照“奶香薯泥的做法”）75克，黄油10克，蛋黄1个。

## 制作步骤

1 将黄油和蛋黄混入温热的土豆泥中（图1），搅拌均匀（图2）。

2 在裱花袋中放入8齿裱花嘴，将拌好的土豆泥装入裱花袋中（图3），挤在烤盘中（图4），送入烤箱以200℃烤10min左右，烤至上色即可（图5）。

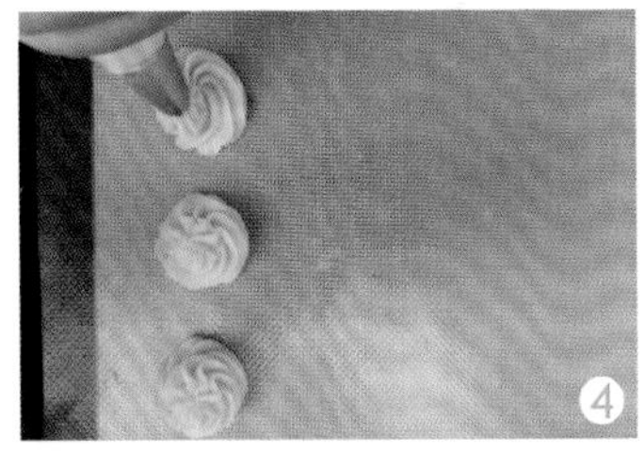

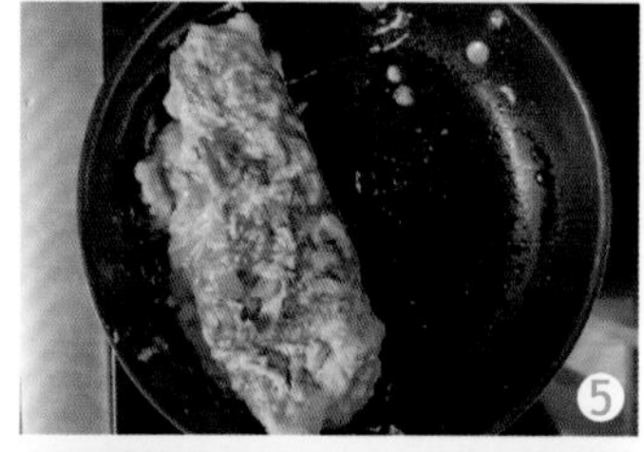

# 欧姆蛋

## 原料配方

鸡蛋2个，洋葱1/4个，绿色节瓜1节，黄色节瓜1节，马苏里拉芝士35克，黄油15克，番茄酱10克，玫瑰盐3克，黑胡椒粉1克。

## 制作步骤

1 将绿色节瓜切粒、黄色节瓜切粒、洋葱切粒（图1）。

2 锅中加油，放入节瓜粒、洋葱碎炒香（图2），加入玫瑰盐和黑胡椒粉调味，倒入打散的鸡蛋液（图3），撒上马苏里拉芝士（图4），将其卷成月牙形（图5）。

3 摆盘，挤上番茄酱即可（图6）。

# 三明治

## 原料配方

吐司3片，生菜2片，番茄1个，培根3小片，鸡蛋1个，黄瓜1节，薯条30克，黄油15克。

## 制作步骤

1 将吐司抹上黄油，放入烤箱，以180℃烤3min（图1）。

2 将生菜手撕成片；番茄切片；黄瓜切片（图2）。

3 锅中加油，将培根煎脆；再煎一个鸡蛋（图3、图4）。

4 将吐司摆在盘中，放上番茄片、生菜、培根（图5）；盖上另一片吐司，放上黄瓜片、煎鸡蛋、番茄片（图6）；再盖上最后一片吐司片（图7），将其切成三角状后，摆盘。

5 薯条炸金黄，配上炸薯条（图8）。

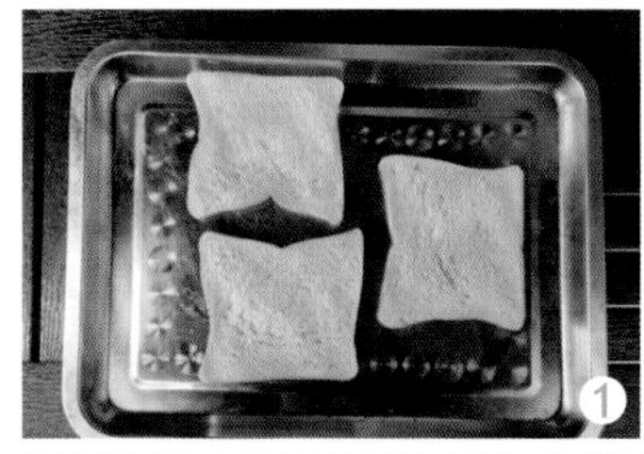

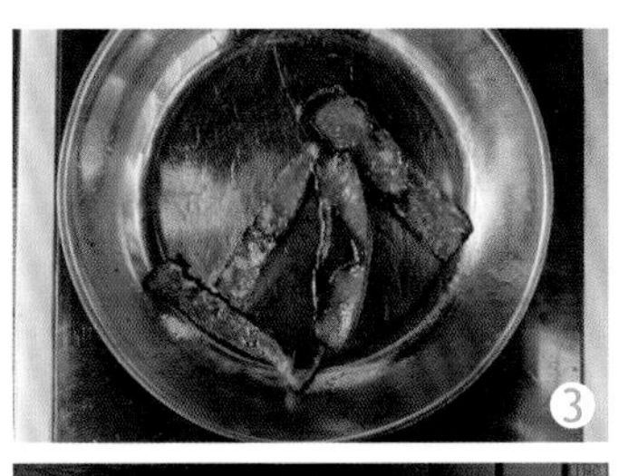


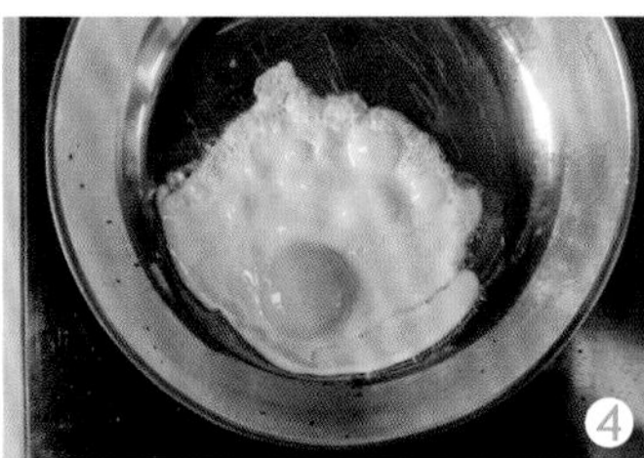

# 炸薯泥球

## 原料配方

马铃薯1个，黄油15克，鸡蛋2个，面粉15克，细面包糠50克，玫瑰盐2克，黑胡椒粉1克。

## 制作步骤

1 将马铃薯去皮，切成块，放入热水中煮软，捞起后沥干水分，压成泥。具体做法参照“奶香薯泥”中的做法。

2 将黄油及1个鸡蛋黄混入温热的薯泥中（图1），放入玫瑰盐和黑胡椒粉调味，搅拌均匀。

3 将薯泥搓成20克左右的球（图2）。

4 将其分别沾面粉（图3）、拖蛋液（图4）、裹面包糠（图5），做成半成品（图6）。

5 将锅中放油，加热至165℃，炸1～2分钟（图7），取出后待油温升高，再炸10～15秒钟至金黄酥脆即可。

6 摆盘（图8）。

# 炸薯片

## 原料配方

土豆1个，玫瑰盐2克。

## 制作步骤

1 土豆洗净去皮（图1），用刨片器刨成薄片（图2）。

2 薯片半成品清洗干净后，吸干水分（图3）。

3 锅内放油，烧至170℃，放入土豆片炸（图4），炸至金黄（图5），沥干油分（图6）即可。

4 撒点玫瑰盐装盘。

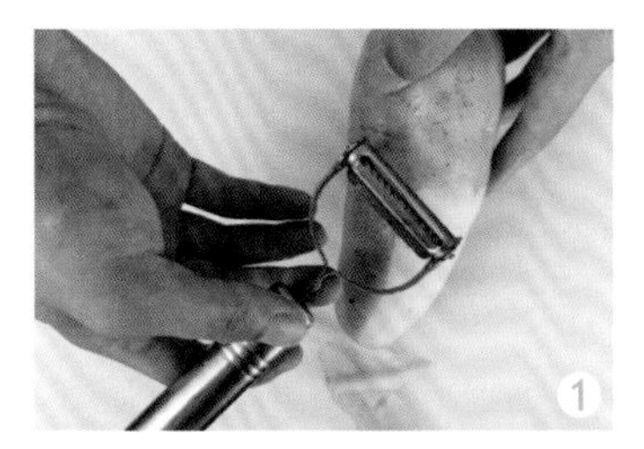

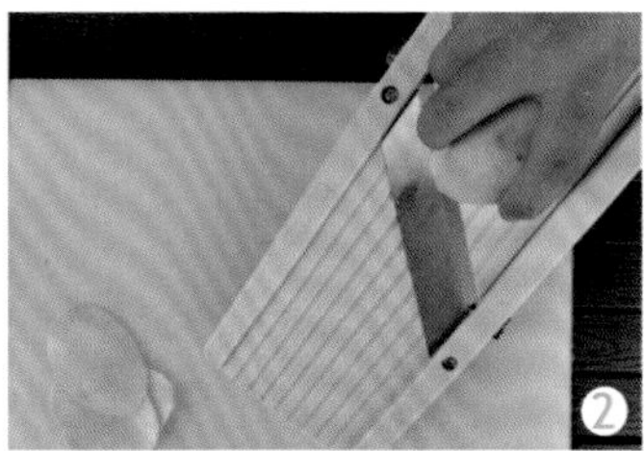

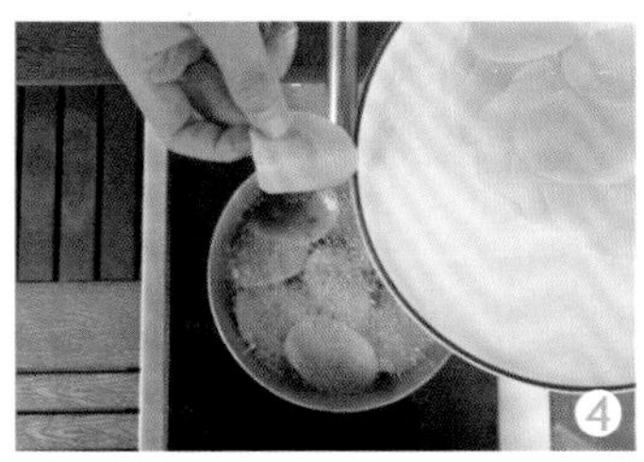

# 炸薯条

## 原料配方

土豆1个，玫瑰盐2克。

## 制作步骤

1 将土豆刨去皮（图1、图2），洗净切条（图3）。

2 放入沸水锅中煮1～2min，捞出（图4、图5）。

3 锅中放油烧至160℃，炸4～5分钟（图6），捞起后升高油温至175℃（图7），继续将土豆放入炸至金黄，撒点玫瑰盐调味即可（图8）。

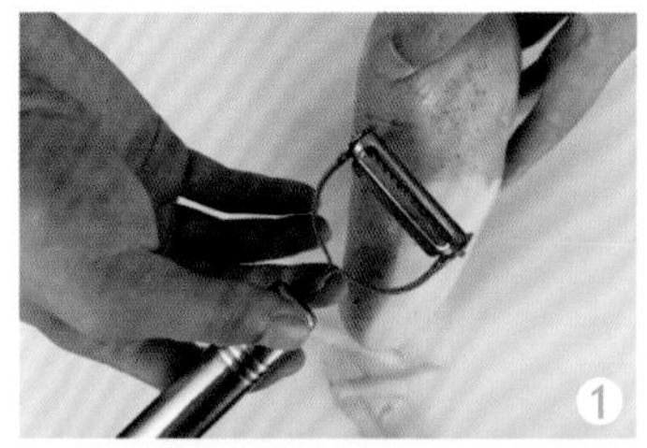

# 参考文献

[1] 李祥睿，陈洪华．西餐工艺学．北京：中国纺织出版社，2019.
[2] 李祥睿．西餐工艺．北京：中国纺织出版社，2008.
[3] 李祥睿．西餐烹调技术．北京：中国商业出版社，2008.
[4] 陈洪华，李祥睿．西点制作教程．北京：中国轻工业出版社，2012.